刁其玉 主编

科学自配畜禽饲料丛书

科学自配羊饲料

KEXUE ZIPEI YANGSILIAO

化学工业出版社

·北京·

图书在版编目（CIP）数据

科学自配羊饲料/刁其玉主编. —北京：化学工业出版社，2012.3（2023.3重印）
（科学自配畜禽饲料丛书）
ISBN 978-7-122-13353-3

Ⅰ.科… Ⅱ.刁… Ⅲ.羊-饲料-配制 Ⅳ.S826.5

中国版本图书馆 CIP 数据核字（2012）第 017252 号

责任编辑：邵桂林　张国锋　　　　　装帧设计：张　辉
责任校对：陈　静

出版发行：化学工业出版社
　　　　　（北京市东城区青年湖南街 13 号　邮政编码 100011）
印　　刷：北京云浩印刷有限责任公司
装　　订：三河市振勇印装有限公司
850mm×1168mm　1/32　印张 7　字数 208 千字
2023 年 3 月北京第 1 版第 18 次印刷

购书咨询：010-64518888　　售后服务：010-64518899
网　　址：http://www.cip.com.cn
凡购买本书，如有缺损质量问题，本社销售中心负责调换。

定　　价：20.00 元　　　　　　　　　　　　版权所有　违者必究

丛书编委会

主　　任　冯定远
委　　员　（按姓氏笔画排列）
　　　　　刁其玉　马秋刚　计　成　邓跃林
　　　　　左建军　田允波　冯定远　许丹宁
　　　　　张学炜　张常明　胡民强　高腾云
　　　　　黄燕华

本书编写人员

主　　编　刁其玉
副 主 编　邓凯东　姜成钢　许贵善
编写人员　（按姓氏笔画排列）
　　　　　刁其玉　马　涛　邓凯东　冯昕炜
　　　　　刘　洁　许贵善　纪守坤　张立涛
　　　　　张乃锋　岳喜新　姜成钢　赵一广
　　　　　屠　焰　靳玲品　董晓丽

前言

我国幅员辽阔，羊品种资源丰富，养羊业的发展有着悠久的历史。近年来，随着国家畜牧业产业政策调整，我国明确提出要大力发展节粮型草食畜牧业，广大农牧区的各级政府，为发展养羊业出台了相应的鼓励、扶持政策和采取了一系列措施，养羊业在全国蓬勃发展，很多地区已通过发展养羊业，实现了群众脱贫致富、奔小康，在一定程度上带动了毛纺工业、制毯业、制革和制裘业、肉食品产业、肠衣及乳品加工业的发展，丰富了人们的物质生活，促进了市场经济的发展。

我国现有草原及草山、草坡面积是全国耕地的4倍，农区有适于做饲料的作物秸秆5亿吨，这些饲草料资源为发展养羊业提供了基本的物质条件。然而，在当前的养羊生产中，普遍存在饲料供应无保障、饲料种类过于单一、饲草品质差、日粮配合不科学、饲料利用率低等现象，严重制约了我国养羊业的发展。饲料是发展养羊业的基础，充分利用各种农作物秸秆，正确采用物理、化学、生物的方法，进行粉碎、氨化、发酵等加工处理，并与其他饲料合理搭配，实现科学配合，提高饲料利用率，是提高养殖效益、加快养羊业产业化进程的必要措施。

本书结合我国当前养羊生产实际，系统介绍了羊常用饲料的种类及其营养特点，以及饲草料加工的实用技术，并针对肉用羊、毛绒用羊及其不同生理阶段（初生、断奶、妊娠和哺乳等），参考近年来国内外羊饲料配制的先进技术、科研成果和经验，总结了科学配制羊饲料的原则与方法，收集、汇总了近200个饲料配方，具有实用性和先进性，适合广大养羊场（户）和基层畜牧兽医工作者参考、应用。

因编者水平有限，书中疏漏和不足之处在所难免，敬请读者批评指正。

编　者

2011年12月于北京

目 录

第一章 羊常用饲料原料 … 1
第一节 饲料的分类 … 1
一、青绿饲料 … 1
二、青贮饲料 … 1
三、粗饲料 … 1
四、能量饲料 … 1
五、蛋白质饲料 … 2
六、矿物质饲料 … 2
七、维生素饲料 … 2
八、饲料添加剂 … 2
第二节 常用谷物类能量饲料原料 … 2
一、玉米 … 2
二、高粱 … 3
三、小麦 … 3
四、大麦 … 4
五、燕麦 … 5
六、裸麦 … 5
七、稻谷与糙米 … 5
八、小麦麸 … 6
九、米糠 … 6
第三节 其他能量饲料原料 … 7
一、块根块茎类 … 7
二、油脂 … 8
第四节 常用植物蛋白质饲料原料 … 9
一、大豆饼粕 … 10

二、菜籽饼粕 …… 10
　　三、棉籽饼粕 …… 11
　　四、向日葵饼粕 …… 12
　　五、花生仁饼粕 …… 12
　　六、芝麻饼粕 …… 13
　　七、亚麻饼粕 …… 13
　　八、椰子油粕 …… 13
　第五节　农副产品饲料原料 …… 14
　　一、秸秆类饲料 …… 14
　　二、秕壳类饲料 …… 15
　第六节　粗饲料原料 …… 15
　　一、青绿饲料 …… 15
　　二、青贮饲料 …… 16
　　三、粗饲料 …… 17
　第七节　工业生产副产品饲料原料 …… 17
　　一、制糖工业副产品 …… 18
　　二、酿酒工业副产品饲料原料 …… 19
　　三、果品加工业的副产品 …… 21
　　四、淀粉加工业副产品 …… 22
　　五、其他工业副产品 …… 23
　第八节　常用矿物质饲料原料 …… 24
　　一、食盐 …… 24
　　二、含钙饲料 …… 25
　　三、含磷饲料 …… 26
　　四、天然矿物质饲料 …… 27

第二章　粗饲料的加工与调制 …… 30
　第一节　干草的调制 …… 30
　　一、干草调制的原理 …… 31
　　二、适合调制成干草的种类 …… 31
　　三、干草的调制方法 …… 35
　第二节　青贮饲料的调制技术 …… 37

一、青贮饲料的发酵原理与过程 ………………… 38
　　二、青贮设备 …………………………………… 39
　　三、青贮饲料的调制 …………………………… 41
　　四、青贮饲料的品质鉴定和取用 ……………… 43
　　五、特殊的青贮技术 …………………………… 44
　第三节　秸秆饲料的调制 …………………………… 46
　　一、秸秆的加工 ………………………………… 47
　　二、秸秆的碱化技术 …………………………… 48
　　三、秸秆的氨化技术 …………………………… 49
　　四、秸秆的微贮技术 …………………………… 50
　第四节　粗饲料加工成型调制技术 ………………… 51
　　一、颗粒饲料的加工成型调制 ………………… 51
　　二、块状粗饲料的加工成型调制 ……………… 54
　　三、其他成型饲料的加工成型调制 …………… 54
第三章　羊饲料的科学配制 …………………………… 56
　第一节　羊饲料的科学配制和配合饲料内涵 ……… 56
　　一、羊饲料的科学配制 ………………………… 56
　　二、羊饲料的配制原则 ………………………… 56
　　三、配合饲料的内涵 …………………………… 58
　　四、配合饲料的分类 …………………………… 59
　第二节　饲料中的重要营养成分与表示 …………… 63
　　一、常用青干草及其主要营养成分 …………… 63
　　二、常用秸秆饲料的营养成分 ………………… 65
　　三、常用青贮饲料及其营养成分 ……………… 66
　　四、常用谷物饲料及其营养成分 ……………… 66
　　五、常用饼粕类饲料及其营养成分 …………… 67
　第三节　饲料配制所需要的资料 …………………… 68
　　一、羊的饲养标准 ……………………………… 68
　　二、羊的消化生理 ……………………………… 68
　　三、饲料原料 …………………………………… 69
　　四、日粮类型和预期采食量 …………………… 70

五、配方的基本要求 …………………………………………… 70
　第四节　配合饲料的生产与加工 …………………………………… 71
　　一、原料清理 …………………………………………………… 72
　　二、原料粉碎 …………………………………………………… 72
　　三、饲料配料计量 ……………………………………………… 74
　　四、物料输送 …………………………………………………… 75
　　五、配料与混合 ………………………………………………… 76
　　六、颗粒饲料加工 ……………………………………………… 78
　　七、打包 ………………………………………………………… 81
　　八、除尘 ………………………………………………………… 81

第四章　肉羊舍饲育肥的饲料配制技术 ……………………………… 82
　第一节　羔羊早期断奶和育肥技术 ………………………………… 82
　　一、羔羊早期断奶的目的和依据 ……………………………… 82
　　二、羔羊早期断奶的技术要点 ………………………………… 82
　　三、代乳粉在羔羊早期断奶中的应用 ………………………… 85
　　四、哺乳羔羊的育肥 …………………………………………… 88
　　五、羊正常断奶后育肥技术 …………………………………… 89
　第二节　成年羊育肥技术 …………………………………………… 91
　　一、成年羊育肥期的生理特点 ………………………………… 91
　　二、成年羊育肥应遵循的基本原则 …………………………… 91
　　三、育肥前的准备 ……………………………………………… 92
　　四、育肥羊的选购与调运 ……………………………………… 93
　　五、成年羊育肥的技术要点 …………………………………… 95
　第三节　肉羊的异地育肥技术 ……………………………………… 97
　　一、异地育肥的优点 …………………………………………… 97
　　二、异地育肥前的准备 ………………………………………… 98
　　三、异地育肥的技术要点 ……………………………………… 99
　第四节　半牧区、牧区的饲料配制 ………………………………… 99
　　一、我国半牧区、牧区特点及现状 …………………………… 99
　　二、半牧区、牧区肉羊的放牧饲养 …………………………… 101

第五章　毛绒羊的饲料配制技术 ……………………………………… 107

第一节　我国羊毛及羊绒的生产现状 ………………… 107
第二节　我国细毛羊和绒山羊的特点 ………………… 108
　一、我国细毛羊的品种和分布特点 …………………… 108
　二、我国绒山羊的品种和分布特点 …………………… 110
第三节　羊毛及羊绒的性质 …………………………… 112
　一、羊毛及羊绒的分类和结构特点 …………………… 112
　二、羊毛的理化性质 …………………………………… 112
第四节　非产毛期饲料配制技术 ……………………… 114
　一、毛用羊羔羊的推荐饲料配方（配方1~7） ……… 114
　二、绒山羊羔羊的饲料配方（配方8~9） …………… 117
　三、绒山羊非产绒期饲料配方（配方10~11） ……… 117
第五节　产毛产绒期饲料配制技术 …………………… 118
　一、毛用羊育成羊的饲料配方（配方12~15） ……… 118
　二、绒山羊育成羊的饲料配方（配方16~17） ……… 120
　三、毛用羊空怀期的饲料配方（配方18~19） ……… 121
　四、绒山羊空怀期的饲料配方（配方20~21） ……… 122
　五、毛用羊母羊的妊娠期和泌乳期的饲料配方
　　　（配方22~33） …………………………………… 122
　六、绒山羊母羊的妊娠期和泌乳期的饲料配方
　　　（配方34~35） …………………………………… 127
　七、毛用羊种公羊的饲料配方（配方36~39） ……… 128
　八、绒山羊种公羊的饲料配方（配方40） …………… 130

第六章　**妊娠母羊和哺乳母羊的饲料配方** ………… 131
第一节　妊娠母羊饲养要点 …………………………… 131
　一、妊娠母羊的生理特点 ……………………………… 131
　二、妊娠母羊的饲养管理 ……………………………… 131
第二节　妊娠母羊的配方设计要点 …………………… 133
　一、妊娠母羊的营养需要 ……………………………… 133
　二、妊娠母羊的饲养标准 ……………………………… 136
第三节　妊娠母羊的饲料配方实例 …………………… 138
　一、妊娠前期母羊配方（配方1~22） ………………… 138

二、妊娠后期母羊配方（配方 23～40） ……………………… 145
　　三、妊娠母羊配合饲料配方（配方 41～57） …………………… 151
　第四节　哺乳母羊的饲养要点 …………………………………… 156
　　一、哺乳前期 …………………………………………………… 156
　　二、哺乳后期 …………………………………………………… 158
　第五节　哺乳母羊的配方设计要点 ……………………………… 159
　　一、哺乳期母羊的营养需要 …………………………………… 159
　　二、哺乳期母羊的饲养标准 …………………………………… 161
　第六节　哺乳母羊的饲料配方实例 ……………………………… 165
　　一、泌乳前期母羊精料配方（配方 58～71） …………………… 165
　　二、泌乳后期母羊精料配方（配方 72～88） …………………… 170
　　三、哺乳母羊全混日粮配方（配方 89～107） ………………… 177

第七章　羊的饲养标准和常用饲料营养参数 …………………… 184
　第一节　羊的营养需要量 ………………………………………… 184
　　一、干物质 ……………………………………………………… 184
　　二、能量需要 …………………………………………………… 185
　　三、蛋白质需要 ………………………………………………… 187
　　四、矿物质营养需要 …………………………………………… 188
　　五、维生素需要 ………………………………………………… 194
　　六、水的需要 …………………………………………………… 198
　　七、饲养标准 …………………………………………………… 198
　第二节　常用饲料的营养参数 …………………………………… 202

参考文献 ……………………………………………………………… 210

第一章 羊常用饲料原料

第一节 饲料的分类

羊的饲料种类很多,根据饲料营养特性分为青绿饲料、青贮饲料、粗饲料、能量饲料、蛋白质饲料、矿物质饲料、维生素饲料和饲料添加剂。

一、青绿饲料

青绿饲料指天然水分含量60%以上的青绿多汁植物性饲料,包括牧草、叶菜类、作物的鲜茎叶和水生植物等。

二、青贮饲料

青贮饲料是将新鲜的青饲料,如青绿玉米秸、高粱秸、红薯蔓和青草等装入密闭的青贮窖、壕中,在厌氧条件下经乳酸菌发酵产生乳酸,从而抑制有害腐败菌的生长,使青绿饲料能长期保存。

三、粗饲料

粗饲料指按干物质计粗纤维含量18%以上,体积大、难消化、可利用养分少的一类饲料,主要包括干草、秸秆、秕壳、蔓秧、树叶及其他农业副产物。

四、能量饲料

能量饲料指干物质中含粗纤维低于18%,同时粗蛋白质低于20%的饲料,并且每千克干物质含消化能在10.46兆焦以上的饲料,其中消化能高于12.55兆焦的为高能量饲料。能量饲料包括谷实类、糠麸类、草籽类及其他类。

五、蛋白质饲料

蛋白质饲料指干物质中粗蛋白质含量20%以上、粗纤维18%以下的饲料。蛋白质饲料可以分为植物性蛋白质饲料和动物性蛋白质饲料两大类。植物性蛋白质饲料包括油料饼粕类、豆科籽实类和淀粉、工业副产品等。动物性蛋白质饲料包括鱼粉、肉粉、肉骨粉、血粉、羽毛粉、皮革蛋白粉、蚕蛹粉和屠宰场下脚料等副产品、乳制品等,但是除乳制品外其他产品禁止用作羊饲料。蛋白质饲料还包括单细胞蛋白质饲料(如各种酵母饲料、蓝藻类等)和非蛋白氮饲料(如磷酸脲、尿素、铵盐等)。

六、矿物质饲料

矿物质饲料包括工业合成的、天然的单一矿物质饲料、多种混合的矿物质饲料,以及配合有载体或赋形剂的痕量、微量、常量元素的饲料。这类饲料中含有矿物质元素,以补充日粮中矿物质的不足。

七、维生素饲料

维生素是指工业提取的或人工合成的饲用维生素,如维生素A醋酸酯、胆钙化醇醋酸酯等。维生素在饲料中的用量非常小,而且常以单独一种或复合维生素的形式添加到配合饲料中,用以补充饲料中维生素的不足。

八、饲料添加剂

饲料添加剂是指为补充饲料中所含养分的不足,平衡饲粮,改善和提高饲料品质,促进生长发育,提高抗病力和生产效率等的需要,而向饲料中添加少量或微量可食物质,是不包括矿物质饲料和维生素饲料在内的其他所有添加剂。饲料添加剂不仅可以补充饲料营养成分,而且能够促进饲料所含成分的有效利用,同时还能防止饲料品质下降。

第二节 常用谷物类能量饲料原料

一、玉米

玉米是羊的主要能量饲料,所含能量在谷实类中最高,而且适口性好、易于消化。玉米含可溶性碳水化合物高，可达72%，其中主要是淀粉，粗纤维含量低，仅2%，所以玉米的消化率可达90%。玉米脂肪含量高，在3.5%～4.5%之间。含粗蛋白质偏低，为8.0%～9.0%，并且氨基酸组成欠佳，缺乏赖氨酸、蛋氨酸和色氨酸。近些年来，在玉米育种工作中，已培育出含有高赖氨酸的玉米，并在生产中开始应用，但是由于高赖氨酸玉米产量较低故未能大量推广应用。

玉米因适口性好、能量含量高，在瘤胃中的降解率低于其他谷类，可以通过瘤胃达到小肠的营养物质比例较高，因此可大量用于羊日粮中，比如用于羔羊肥育以及山羊、绵羊补饲等。绵羊羔羊新法育肥中，用整粒玉米加上大豆饼、粕，可取得很好的育肥效果，并且肉质细嫩、口味好。整粒玉米喂羊，消化不全，宜稍加粉碎。

二、高粱

高粱为世界上主要粮食作物之一，其总产量仅次于小麦、水稻和玉米。

高粱籽实含能量水平因品种不同而不同，带壳少的高粱籽实，能量水平并不比玉米低多少，也是较好的能量饲料。高粱蛋白质含量略高于玉米，氨基酸组成的特点和玉米相似，也缺乏赖氨酸、蛋氨酸、色氨酸和异亮氨酸。高粱的脂肪含量不高，一般为2.8%～3.3%，含亚油酸也低，约为1.1%。

高粱含有单宁，单宁是影响高粱利用的主要因素之一，单宁含量高的高粱有涩味、适口性差，单宁可以在体内和体外与蛋白质结合，从而降低蛋白质及氨基酸的利用率。根据整粒高粱的颜色可以判断其单宁含量，褐色品种的高粱籽实含单宁高，白色含量低，黄色居中。现已培育出高赖氨酸高粱，但在实际应用中，仍不能广泛推广。

高粱与玉米配合使用效果可得到增强，并可提高饲料效率与日增重，因为两者饲喂可使它们在瘤胃消化和过瘤胃到小肠的营养物质有一个较好的分配。高粱和玉米的饲养价值相似，含能量略低于玉米，粗灰分略高，饲喂羊的效果相当于玉米的90%左右，不宜用整粒高粱喂羊。

三、小麦

小麦的粗蛋白质含量在谷类籽实中也是比较高的，一般在12%左右，高者可达14%～16%。由于传统观念的影响以前小麦很少作为饲料使用，近年来小麦在饲料中的用量逐渐增多，在欧洲小麦是主要的谷类饲料。小麦是否用于饲料取决于玉米和小麦本身的价格。

小麦籽实的组成包括胚乳、种皮、糊粉层和麦胚四部分。在面粉加工过程中，不是全部胚乳都可以转变成面粉，上等面粉往往只有85%左右的胚乳变成面粉，其余15%与种皮、胚等混合组成小麦麸。每100千克小麦可生产面粉70千克左右，麦麸30千克左右，这种麦麸的营养价值较高。如果面粉质量要求不高，不仅小麦胚乳在面粉中保留较多，甚至糊化层也留在面粉中，这时的面粉和麸皮比例就发生了较大的变化，面粉占80%左右，麸皮占20%左右，故面粉和麸皮的质量都有所下降。在麸皮中胚和胚乳含量的多少，直接决定其营养价值，含量高的营养价值高，含量少的营养价值低。由于小麦种皮与糊粉层的细胞壁厚实，所以粗纤维含量较高，一般在7%～11%。

小麦喂羊以粗粉碎或蒸汽压片效果较好，整粒喂羊易引起消化不良，如果粉碎过细，使麦粉在羊口腔中呈糊状则饲喂效果降低。小麦在羊瘤胃中的消化很快，它的营养成分很难直接达到小肠，所以不宜大量使用。细磨的小麦经炒熟后可作为羔羊代乳料的成分，因其适口性好，饲喂效果也很好。

四、大麦

大麦属一年生禾本科草本植物，按播种季节可分为冬大麦和春大麦。大麦籽实有两种，带壳者叫"草大麦"，不带壳者叫"裸大麦"。带壳的大麦，即通常所说的大麦，它的能量含量较低。

大麦所含的无氮浸出物与粗脂肪均低于玉米，因外面有一层种子外壳，粗纤维含量在谷实类饲料中较高，约5%。其粗蛋白质含量为11%～14%，高于玉米，且品质较好。赖氨酸含量比玉米、高粱中的含量约高1倍。大麦粗脂肪中的亚油酸含量很少，仅0.78%左右。大麦的脂溶性维生素含量偏低，不含胡萝卜素，而含有丰富的B族维生素。大麦钙、磷含量也较高，可大量用来喂羊。

羊因其瘤胃微生物的作用，可以很好地利用大麦。大麦是一种坚硬的谷粒，在喂给羊前必须将其压碎或碾碎，否则它将不经消化就排出体外，但也不可粉碎过细，细粉碎的大麦易引起羊发生膨胀症，预防此症可将大麦浸泡或压片后饲喂。大麦经过蒸汽或高压压扁可提高羊的育肥效果。

五、燕麦

燕麦的品种相当复杂，一般常见的是普通燕麦，其他还有普通野生燕麦、红色栽培燕麦、大粒裸燕麦及红色野生燕麦。按颜色分有白色、红色、灰黄色、黑色及混合色数种。按栽培季节也分冬燕麦和春燕麦。

燕麦的麦壳占的比重较大，一般占到28％，整粒燕麦籽实的粗纤维含量较高，达8％左右。燕麦主要成分为淀粉，含量为33％～43％，较其他谷实类少。含油脂较其他谷类高，约5.2％，脂肪主要分布于胚部，脂肪中40％～47％为亚麻油酸。燕麦籽实的蛋白质含量高达11.5％以上，与大麦含量相似，但赖氨酸含量低。富含B族维生素，但烟酸含量较低，脂溶性维生素及矿物质含量均低。含粗蛋白质高于玉米和大麦，但因麸皮（壳）多，粗纤维超过11％，适当粉碎后是羊的好饲料。

燕麦有很好的适口性，羊饲喂后有良好的生长性能，但必须粉碎后饲喂。

六、裸麦

裸麦也叫黑麦，是一种耐寒性很强的作物，外观类似小麦，但适口性与饲用价值比不上小麦，依据栽培季节可分为春裸麦与冬裸麦，常见的均为冬裸麦。

裸麦成分与小麦相似，粗蛋白质含量约11.6％，粗脂肪占1.7％，粗纤维占1.9％，粗灰分约1.8％，钙0.08％，磷0.33％。裸麦是最易感染麦角霉菌的作物，感染此症后不仅产量减少、适口性下降，而且严重时还会引起羊中毒。

羊对裸麦的适应能力较强，有较好的适口性，整粒或粉碎饲喂都可以。

七、稻谷与糙米

稻谷即带外壳的水稻及旱稻的籽实，其中外壳为20％～25％，糙米为70％～80％，颜色为白到淡灰黄色，有新鲜米味，不应有酸败或发霉味道。

大米一般多用于人的主食，用于饲料的多属于久存的陈米。大米的粗蛋白质含量为7%～11%，蛋白质中赖氨酸含量为0.2%～0.5%。

糙米、碎米及陈米可以广泛用于羊饲料中，其饲用价值和玉米相似，但应粉碎使用。此外，稻谷和糙米均可作为精饲料用于羊日粮中，对于羔羊有很好的饲养价值。

八、小麦麸

小麦麸俗称麸皮，是以小麦为原料加工面粉时的副产品之一。小麦麸主要由籽实的种皮、胚芽部分组成，并混有不同比例的胚乳、糊粉层成分。加工面粉的质量要求不同，出粉率也不一样，麸皮的质量相差也很大。如生产的面粉质量要求高，麸皮中来自胚乳糊粉层成分的比例就高，麸皮的质量也相应较高，反之则麸皮的质量较低。

麸皮适口性好，但能量价值较低，消化能和代谢能均较低；粗蛋白含量较高，一般为11%～15%，蛋白质的质量较好，赖氨酸含量0.5%～0.7%之间，但是麸皮中蛋氨酸含量较低，只有0.11%左右。麸皮中B族维生素及维生素E的含量高，可以作为羊配合饲料中维生素的重要来源，因此，在配制饲料时，麸皮通常都作为一种重要原料。麸皮的最大缺点是钙、磷含量比例极不平衡。在干物质中，钙的含量只有0.16%，而磷的含量可达1.31%，钙和磷的比例几乎是1:8，不适合羊的营养需要，实际生产中需要通过配合其他饲料或矿物饲料使用。麸皮具轻泻作用，喂量不宜过大。

九、米糠

米糠是糙米加工成白米时分离出的种皮、糊粉层与胚三种物质的混合物，一般每百千克糙米可分出米糠6～8千克。与麸皮一样，米糠的营养价值视白米加工程度不同而异，加工的米越白，则胚乳中物质进入米糠的就越多，米糠的营养价值越高。米糠基本不含稻壳，故粗纤维含量低，其粗蛋白质含量13%左右，米糠的蛋白质品质较好，在谷类饲料中它的赖氨酸含量较高。脂肪含量较高（15%以上），并且脂肪中不饱和脂肪比例高，易酸败变质，不宜久存。

米糠的最大缺点与麦麸一样，即钙、磷比例严重不当，两者的含量分别为0.08%和1.77%,其比例数为1:20,因此在大量使用米糠时,应注意补充含钙饲料。为防止腹泻,勿喂过量。

第三节 其他能量饲料原料

一、块根块茎类

块根、块茎类饲料的特点是水分含量高,相对干物质较少,就干物质的营养价值来考虑,它们归属能量饲料的范畴,折和能量含量相当于玉米、高粱等。在干物质中它们的粗纤维含量低,一般为2.5%~3.5%;无氮浸出物很高,占干物质的65%~85%,而且多是宜消化的糖、淀粉等。它们具有能量饲料的一般缺点,即蛋白质含量低(但生物学价值很高),而且蛋白质中的非蛋白质含氮物质占的比例较高,矿物质和B族维生素的含量也不足。各种矿物质和维生素含量差别很大,一般缺钙、磷,富含钾。胡萝卜含有丰富的胡萝卜素,甘薯和马铃薯却缺乏各种维生素。鲜样含能量低,含水分高达70%~95%,松脆可口,容易消化,有机物消化率85%~90%。冬季在以秸秆、干草为主的肉羊日粮中配合部分多汁饲料,能改善日粮适口性,提高饲料利用率。

1. 甘薯

甘薯也叫红薯、白薯、红苕、地瓜等。如以块根中干物质计算,甘薯比水稻、玉米产量都高,其有效能值与稻谷近似,适合于作为能量饲料。甘薯中粗蛋白质含量较低,在干物质中也只有3.3%,粗纤维少,富含淀粉,钙的含量特别低。甘薯怕冷,宜在13℃左右储存。

甘薯粉渣是用甘薯制粉后留下的残渣。鲜粉渣含水分80%~85%,干燥粉渣含水分10%~15%。粉渣中的主要营养成分为可溶性无氮浸出物,容易被肉羊消化、吸收。由于甘薯中含有很少的蛋白质和矿物质,故其粉渣中也缺少蛋白质、钙、磷和其他无机盐类。

甘薯易患黑斑病,患有黑斑病的甘薯及其制粉和酿酒的糟渣,不宜作为羊饲料,因为这种霉菌产生一种苦味,不但适口性差,还可导致羊发病。有黑斑病的甘薯有异味且含毒性酮,喂羊易导致喘气病,严重的会引起死亡。

甘薯是羊的良好能量饲料。甘薯粉和其他蛋白质饲料结合,制成颗粒喂肉羊可取得良好的饲喂效果，但应在饲料中添加足够的矿物质饲料。

2. 马铃薯

马铃薯也叫土豆，属于块根块茎类植物。它的能量营养价值次于木薯和甘薯，马铃薯含有大量的无氮浸出物，其中大部分是淀粉，约占干物质的70%。风干的马铃薯中粗纤维含量为2%～3%，无氮浸出物为70%～80%，粗蛋白质含量8%～9%，每千克中含消化能14.23兆焦左右。

马铃薯含非蛋白氮较多，约占蛋白质含量的一半。马铃薯中有一种含氰物质，叫龙葵素，是有毒物质，主要分布在块茎青绿皮上、芽眼与芽中。在幼芽及未成熟的块茎和储存期间经日光照射变成绿色的块茎中含量较高，喂量过多会引起中毒。饲喂时要切除发芽部位并仔细选择，以防中毒。

马铃薯经加工制粉后的剩余物为马铃薯粉渣，该粉渣与甘薯粉渣同样是含淀粉很丰富的饲料，其饲料成分和营养价值也几乎相同。干粉渣含蛋白质4.1%左右，含可溶性无氮浸出物约70%，是很好的能量饲料。

马铃薯粉渣可用于羊饲料中，因羊可以很好地利用马铃薯的非蛋白质含氮物和可溶性无氮浸出物，其在日粮中的比例应控制在20%以下。

3. 胡萝卜

按干物质计，胡萝卜中含无氮浸出物47.5%，可以列入能量饲料，但由于其鲜样中水分含量大，容积大，因此在生产实践中并不依赖它来提供能量，主要是在冬季作为羊的多汁饲料并供给胡萝卜素。每千克胡萝卜含胡萝卜素36毫克以上及0.09%的磷，高于一般多汁饲料；含铁量较高，颜色越深，胡萝卜素和铁含量越高。胡萝卜大部分营养物质是淀粉和糖类，因含有蔗糖和果糖，多汁味甜。由于胡萝卜中含胡萝卜素很高、产量高、耐储存、营养丰富，在冬季青饲料缺乏时，在喂干草或秸秆类饲料比例较大的羊日粮中添加一些胡萝卜，可以改善日粮的口味，调节羊的消化机能。

二、油脂

油脂类饲料最显著的特点是能量浓度高，属高能量饲料。天然存在油脂种类颇多，分类方法也不少。按脂肪来源，可分为动物性脂肪和植物性脂肪，统称油脂。

1. 动物性脂肪

动物性脂肪有畜禽油脂及海产动物油，由牛、羊、猪、禽和鱼等的体组织中提炼出来的，其成分以甘油三酯为主，且总脂肪酸含量在90%以上，不皂化物2.5%以下，不溶物10%以下。动物脂肪不饱和脂肪酸含量很低，并且随着疯牛病的暴发，目前禁止用于反刍动物饲料。

2. 植物性脂肪

植物性脂肪主要来自植物的种子、果皮、果肉以及某些谷物种子的胚芽和糠麸中，如大豆油、菜籽油、玉米油、米糠油、棕榈油及各种制油副产品等。其成分以甘油三酯为主，总脂肪酸含量在90%以上，不皂化物2%以下，不溶物1%以下。植物油或油料籽实中不饱和脂肪酸含量丰富，是主要脂肪饲料。

饲喂脂肪的意义除了能够提高日粮的能量浓度外，还可以促进脂溶性营养物质的吸收，另外还能降低配料过程中的粉尘，改善饲料的外观和风味。许多养羊业发达的国家，在羊饲料中普遍添加脂肪，但国内应用较少。

饲喂油脂类饲料时养羊户可把油脂熬成黏稠状，加入一定比例的糠类饲料或玉米面，搅拌均匀，放入一定量的抗氧化剂，夏天放在水泥地面上摊匀、晒干，冬天可烘干或用榨油机压成饼块，把这些饼块粉碎后按饲料配方比例加入到饲料中。如果是生产量大的饲料厂可以使用专用的油脂添加设备添加。

第四节　常用植物蛋白质饲料原料

蛋白质饲料是指饲料干物质中粗蛋白质含量在20%以上，粗纤维含量在18%以下的饲料。蛋白质饲料可用来补充其他蛋白质含量低的能量饲料以组成平衡日粮。这类饲料具有能量饲料的某些特点，即饲料干物质中粗纤维含量较少，而且易消化的有机物质较多，每单位重量所含的消化能较高。

蛋白质饲料可以分为植物性蛋白质饲料和动物性蛋白质饲料两大类。植物性蛋白质饲料包括油料饼粕类、豆科籽实类和淀粉、工业副产品等。动物性蛋白质饲料包括鱼粉、肉粉、肉骨粉、血粉、羽毛粉、皮革蛋白粉、蚕蛹粉和屠宰场下脚料等副产品、乳制品等，除乳制品其他产品禁止用作反刍动物饲料。蛋白质饲料还包括单细胞蛋白质饲料（如各种酵母饲料、蓝藻类等）和非蛋白氮饲料（如磷酸脲、尿素、铵盐等）。

植物性蛋白质饲料营养特点：蛋白质含量较高，赖氨酸和色氨酸的含量较低。其营养价值随原料的种类、加工工艺和副产品有很大差异。一些豆科籽实、饼粕类饲料中还含有抗营养因子。

一、大豆饼粕

指以黄豆制成的油饼、油粕，与黑豆制成不同，是所有饼、粕中最好的饼粕。一般大豆不直接用作饲料，豆类饲料中含有一种不良的物质，生喂时，影响动物的适口性和饲料的消化率，这种不良物质需要通过110℃三分钟的加热才能消除掉。生豆粕是指大豆在榨油时未加热或加热不足的豆粕。它们在使用前也需上述同样的加热处理。

大豆饼粕的蛋白质含量较高，为40%～44%，可利用性好，必需氨基酸的组成比例也相当好，尤其是赖氨酸含量，是饼、粕类饲料中含量最高者，可高达2.5%～2.8%，是棉仁饼、菜籽饼及花生饼的1倍。大豆饼粕在氨基酸含量上的缺点是蛋氨酸不足，因而，在主要使用大豆饼粕的日粮中一般要另外添加蛋氨酸，才能满足动物的营养需要。

大豆饼粕是羊的优质蛋白质饲料，绵羊能量单位0.9左右，可用于配制代乳饲料和羔羊的开食料。质量好的大豆饼粕色黄味香，适口性好，但在日粮中用量不要超过20%。

二、菜籽饼粕

菜籽饼粕的原料是油菜籽。菜籽饼粕的蛋白质含量中等，在36%左右，代谢能较低，约每千克8.40兆焦，矿物质和维生素比豆饼丰富，含磷较高，含硒比大豆饼粕高6倍，居各种饼之首。菜籽饼粕中的有毒有害物质主要是从油菜籽中所含的硫葡萄糖苷酯类衍生出来的，这种物质分布于油菜籽的柔软组织中。此外，菜籽中还含有单宁、芥子碱、皂角苷等有害物质。它们有苦涩味，影响蛋白质的利用效果，阻碍生长。菜籽饼含芥子毒素,羔羊、怀孕羊最好不喂。

菜籽饼粕对羊的副作用要低于猪、鸡等单胃动物。菜籽粕在羊瘤胃内降解速度低于豆粕,过瘤胃部分较大。加拿大、瑞典、波兰等国家先后育成毒素(含硫葡萄糖苷和芥子碱)低的油菜品种,即"双低"油菜。由双低油菜籽加工的菜籽饼粕,所含毒素也少。对于这样的菜籽饼粕,在饲料中可加大用量。

三、棉籽饼粕

棉花籽实脱油后的饼、粕,因加工条件不同,营养价值相差很大。主要影响因素是棉籽壳是否去掉。完全脱了壳的棉仁所制成的饼、粕,叫做棉仁饼、粕。其蛋白质含量可达41%以上,甚至可达44%,代谢能水平可达10兆焦/千克左右,与大豆饼不相上下。而由不脱掉棉籽壳的棉籽制成的棉籽饼粕,蛋白质含量不过22%左右,代谢能只有6.0兆焦/千克左右,在使用时应加以区分。

在棉籽内,含有对畜禽健康有害的物质——棉酚和环丙烯脂肪酸。棉酚是一种黄色的多酚色素,存在于种籽的腺体内,它是腺体的主要色素,约占总色素的95%。在棉仁饼粕内大部分棉酚和蛋白质及棉籽的其他成分相结合,只有小部分以游离形式存在。生棉籽中游离的棉酚含量依棉花品种、栽培环境不同,其含量在0.4%~1.4%。棉酚可引起畜禽中毒,畜禽游离棉酚中毒一般表现为采食量减少,呼吸困难,严重水肿,体重减轻,以致死亡。一般游离棉酚中毒是慢性中毒。动物尸体解剖可见胸腔和腹腔有大量积液、肝脾出血、肝细胞坏死,心肌损伤和心脏扩大等病变。在生产中常见的是,日粮中棉籽饼粕用量过度,出现增重慢、饲料报酬低。

羊因瘤胃微生物可以分解棉酚,所以棉酚的毒性相对较小。棉籽饼粕可作为良好的蛋白质饲料来源,是棉区喂羊的好饲料。在羊的育肥饲料中,棉籽饼粕可用到50%。如果长期过量使用则影响种羊的种用性能。去壳机榨或浸提的棉籽饼含粗纤维10%左右,粗蛋白32%~40%;带壳的棉籽饼含粗纤维高达15%~20%,粗蛋白20%左右。棉籽饼长期大量饲喂(日喂1千克以上)会引起中毒。羔羊日粮中一般不超过20%。

棉籽饼粕常用的去毒方法为:煮沸1~2小时,冷却后饲喂。

四、向日葵饼粕

又叫葵花仁饼粕,也就是向日葵籽榨油后的残余物。向日葵饼粕的饲用价值视脱壳程度而定。我国的向日葵饼粕,一般脱壳不净,带有的壳多少不等。粗蛋白质含量在28%～32%,赖氨酸含量不足,低于棉仁饼和花生饼,更低于大豆饼粕。可利用能量水平很低,每千克只有代谢能6～7兆焦。但也有优质的向日葵饼粕,带壳很少,粗纤维含量在12%,代谢能可达10兆焦。向日葵饼粕与其他饼粕类饲料配合使用可以得到良好的饲养效果。

羊对氨基酸的要求比单胃动物低,向日葵饼粕的适口性好,其饲养价值也相对比较好,脱壳者效果与大豆饼粕不相上下。它也是羊的优质饲料,与棉籽饼粕有同等价值。

五、花生仁饼粕

花生又名落花生、长生果等。花生的品种很多,脱油方法不同,因而,花生饼粕的性质和成分也不相同。脱壳后榨油的花生仁饼粕营养价值高,代谢能含量可超过大豆饼粕,可达到12.50兆焦/千克,是饼粕类饲料中可利用能量水平最高的饼粕。蛋白质含量也很高,高者可以达到44%以上。花生饼粕的另一特点是,适口性极好、有香味,所有动物都很爱吃。

花生饼粕蛋白质中的氨基酸含量比较平衡,利用率也很高,但不像豆饼、鱼粉那样可在配合饲料时,提供更多的赖氨酸及含硫氨基酸,因此需要补充。花生仁饼粕很易染上黄曲霉,花生的含水量在9%以上,温度30℃,相对湿度为80%时,黄曲霉即可繁殖,引起畜禽中毒,因此花生饼粕应随加工随使用,不要储存时间过长。黄曲霉毒素可使人患肝癌。采用高温、高湿地区的饲料做原料,包括花生仁饼粕、玉米、米糠、大米等在内,都要检测它们的黄曲霉毒素含量。

羊的饲料可使用花生饼粕,并且其饲喂效果不次于大豆饼粕。因其适口性好,可以用于羔羊的开食料。因羊瘤胃微生物有分解毒素素的功能,它们对黄曲霉毒素不很敏感,感染黄曲霉的花生饼粕,可以用氨处理去毒。花生粕在瘤胃的降解速度很快,进食后几小时可有85%以上的干物质被降解,因此不适合作为羊唯一的蛋白质饲料原料。

六、芝麻饼粕

芝麻饼粕不含对畜禽不良作用的因素,是安全的饼粕饲料。芝麻饼粕的粗纤维含量在7%左右,代谢能含量9.5兆焦/千克,视脂肪含量多少而异。芝麻饼粕的粗蛋白质含量可达40%。

芝麻饼粕的最大特点是含蛋氨酸特别多,高达0.8%以上,是大豆粕、棉仁粕含量的1倍,比菜籽粕、向日葵粕约高1/3,是所有植物性饲料中含蛋氨酸最多的饲料。但是,芝麻饼粕的赖氨酸含量不足,配料时应予以注意。

羊日粮中可以提高用量,可用于羔羊和育肥羊,它可使羊被毛光泽好,但用量过多,也可引起体脂软化。

七、亚麻饼粕

在我国北方地区种植油用亚麻,俗称胡麻,是当地的主要食用油来源,脱油后的残渣叫胡麻籽饼或胡麻籽粕,也即亚麻籽饼或亚麻籽粕。我国榨油用的"胡麻籽"多系亚麻籽与菜籽、芸芥籽(也叫芥菜籽)的混杂物。因此严格地讲,胡麻籽饼粕与纯粹的亚麻仁饼粕是有区别的。亚麻种子中,特别是未成熟的种子中,含有亚麻苷配糖体,叫作里那苦苷,也叫生氰糖苷,它可生成氢氰酸,这是一种对任何畜禽都有毒的物质。

亚麻籽饼粕对动物的适口性不好,代谢能值较低,每千克约9.0兆焦。其粗脂肪含量8%左右,有的残脂高达12%。残脂高的亚麻饼粕很容易变质,不利保存,但经过高温高压榨油的亚麻籽饼粕很容易引起蛋白质褐变,降低其利用率。一般亚麻籽饼粕含粗蛋白质32%~34%,赖氨酸含量不足,故在使用亚麻籽饼粕时要添加赖氨酸或与含赖氨酸高的饲料配合使用。

羊可以很好地利用亚麻籽饼粕,使其成为优质的蛋白质饲料。亚麻籽饼粕还有促进胃、肠蠕动的功能。羔羊、成年羊及种用羊均可使用,并且表现出皮毛光滑、润泽,但用量应在10%以下。每日采食量在500克以上时,则有稀便倾向。

八、椰子油粕

椰子的胚乳部分经过干燥成为干核,含油量66%,去油后的产物就是椰子油粕。椰子纤维含量多，代谢能含量比较低，氨基酸组成不够好，缺乏赖氨酸和蛋氨酸。水分含量8%～9%，粗蛋白质20%～21%，粗脂肪根据加工方法的不同差异较大，压榨脱油的含量可达6%，溶剂去油的含量仅为1.5%，粗纤维12%～14%。椰子油饼含有丰富的饱和脂肪酸，通常在含有椰子油饼的日粮中不再添加必需脂肪酸。

椰子油饼宜用于羊饲料中，适口性好。羊可以椰子油饼作蛋白质饲料使用，但采食太多有便秘倾向，精料中以使用20%以下为宜。

第五节　农副产品饲料原料

农副产品饲料原料主要是农作物收获后的副产品，常见的有三种类型：其一是干物质中粗纤维含量大于或等于18%者属于国际饲料分类中的粗饲料，如藤、蔓、秸、秧、荚、壳等；其二是干物质中粗纤维含量小于18%而粗蛋白质含量也小于20%者属能量饲料；其三是干物质中粗纤维含量小于18%，粗蛋白质含量大于或等于20%者，按国际饲料分类原则属于蛋白质补充料，但后两者罕见，所以本节主要介绍第一种农副产品饲料原料。养羊生产中常用的农副产品类饲料原料主要分为两类，一是秸秆类饲料，二是秕壳类饲料。

一、秸秆类饲料

又称为藁类饲料，其来源非常广泛。凡是农作物籽实收获后的茎秆和枯叶均属于秸秆类饲料，例如，玉米秸、稻草、麦秸、高粱秸和各种豆秸。这类植物中粗纤维含量较高，一般为25%～50%。木质素含量高，例如小麦秸中木质素含量为12.8%，燕麦秸粗纤维中木质素为32%。硅酸盐含量高，特别是稻草，灰分含量高达15%～17%，灰分中硅酸盐占30%左右。秸秆饲料中有机物质的消化率很低，羊消化率一般小于50%。蛋白质含量低（3%～6%），除维生素D之外，其他维生素均缺乏，矿物质钾含量高，钙、磷含量不足。豆科秸秆饲料中蛋白质比禾本科的高。禾本科秸秆饲料中，玉米秸、谷草的适口性要高于小麦秸和稻草。秸秆的适口性差，为提高秸秆的利用率，喂前应进行切短、氨化或碱化处理。在农区，秸秆类饲料是冬春季养羊的主要饲料来源。

二、秕壳类饲料

秕壳类饲料是种籽脱粒或清理时的副产品,包括种籽的外壳或颖、外皮以及混入一些种籽成熟程度不等的瘪谷和籽实,因此,秕壳饲料的营养价值变化较大。豆科植物中蛋白质优于禾本科植物。一般来说,荚壳的营养价值略好于同类植物的秸秆,但稻壳和花生壳除外。稻谷加工过程中的副产品稻壳也叫砻糠,其特点是质地坚硬,粗纤维高达35%~50%。秕壳能值变幅大于秸秆,主要受品种、加工贮藏方式和杂质多少的影响,在打场中会有大量泥土混入,而且本身硅酸盐含量高。如果尘土过多,饲喂过量会堵塞消化道而引起便秘疝痛。秕壳具有吸水性,在贮藏过程中易于霉烂变质,使用时一定要注意。

第六节　粗饲料原料

青粗饲料一般包括青绿多汁饲料、青贮饲料以及干草等粗饲料。青粗饲料是反刍动物不可缺少的日粮成分,在维持反刍动物生理健康和良好生产性能等方面发挥着不可替代的作用。

一、青绿饲料

青绿饲料是一类营养相对平衡的饲料,虽然其干物质少,能量相对较低,但是蛋白质含量丰富,氨基酸组成比较完全,赖氨酸、色氨酸和精氨酸较多,营养价值高;维生素含量丰富,特别是胡萝卜素含量较高,B族维生素、维生素E、维生素C和维生素K含量也较丰富,但缺乏维生素D,维生素B_6很少;钙、磷比较丰富,比例较为适宜。此外,青绿饲料中尚含有丰富的铁、锰、锌、铜等微量元素,如果土壤中不缺乏某种元素,那么各种元素均能满足羊的营养需要。在羊生长期可用优良青绿饲料作为唯一的饲料来源,但若在育肥后期为加快育肥则需要补充谷物、饼粕等能量饲料和蛋白质饲料。

羊常用的青绿饲料主要包括青牧草、青割饲料和叶菜类等。青牧草包括自然生长的野草和人工种植的牧草。自然生长的野草种类很多,其营养价值因植物种类、土壤状况等不同而有差异。人工牧草如苜蓿、沙打旺、草木樨、苏丹草等营养价值较一般野草高。青割牧草是把农作物如玉米、大麦、豌豆等进行密植，在籽实未成熟之前收割，用于饲喂羊。青割牧草蛋白质含量和消化率均比结籽后高。此外，青草茎叶的营养含量上部优于下部，叶优于茎。所以，要充分利用生长早期的青绿饲料，收储时尽量减少叶部损失。叶菜类包括树叶（如榆树、杨树、桑树、果树叶等）和青菜（如白菜等），含有丰富的蛋白质和胡萝卜素，粗纤维含量较低，营养价值较高。

饲喂青绿饲料时应注意防止亚硝酸盐和氢氰酸中毒。饲用甜菜、萝卜叶、芥菜叶、白菜叶等叶菜类中都含有少量硝酸盐，它本身无毒或毒性很低，但是堆放时间过长，腐败菌就能把硝酸盐还原为亚硝酸盐而引起羊中毒。青绿饲料中一般不含有氢氰酸，但在高粱苗、玉米苗、马铃薯的幼芽、木薯、亚麻叶、豆麻子饼、三叶草、南瓜蔓等中含有氰苷配糖体，这些饲料经过发霉或霜冻枯萎，在植物体内特殊酶的作用下，氰苷被水解而放出氢氰酸。当含氰苷的饲料进入羊体后，在瘤胃微生物作用下，甚至无需特殊的酶作用，氰苷和氰化物就可分解为氢氰酸，引发羊中毒，因此用这些饲料饲喂羊之前应晒干或制成青贮饲料再饲喂。

二、青贮饲料

青绿饲料优点很多，但是水分含量高，不易保存。为了长期保存青绿饲料的营养特性，保证饲料淡季供应，通常采用两种方法进行保存。一种方法是将青绿饲料脱水制成干草，另一种方法是利用微生物的发酵作用调制成青贮饲料。

将青绿饲料青贮，不仅能较好地保持青绿饲料的营养特性，减少营养物质的损失，而且由于青贮过程中产生大量芳香族化合物，使饲料具有酸香味，柔软多汁，改善了适口性，是一种长期保存青饲料的良好方法。此外，青绿原料中含有硝酸盐、氢氰酸等有毒物质，经发酵后会大大地降低有毒物质的含量。同时，青贮饲料中由于大量乳酸菌存在，菌体蛋白质含量比青贮前提高20%～30%，很适合喂羊。另外，青贮饲料制作简便、成本低廉、保存时间长、使用方便，解决了冬、春季供给羊青绿饲料的难题，是养羊的一类理想饲料。

青贮饲料是羊日粮的基本组成成分。羊对青贮饲料的采食量和有机物质的消化率，如果以青饲料采食干物质量为100%，青贮饲料的采食量为青饲料的35%～40%，低水分青贮饲料采食量高于高水分青贮，而且比干草的采食量低。青贮饲料有机物质的消化率和干草差不多，但比青饲料略低。青贮饲料中无氮浸出物含量比青饲料含量低，含糖量显著下降。例如，黑麦草青草中含糖9.5%，而黑麦草青贮中仅为2%，粗纤维含量相对较高。青贮饲料中非蛋白氮比例显著提高，例如，苜蓿青贮干物质中非蛋白质含量为62%，青割饲料为22.6%，干草为26%，低水分青贮为44.6%。

青贮饲料饲喂羊时，在日粮中应当适量搭配，不宜过多。尤其是对初次饲喂青贮饲料的羊，要经过短期的过渡期适应，开始饲喂时少喂勤添，以后逐渐增加喂量。

三、粗饲料

粗饲料常指各种农作物收获原粮后剩余的干草、秸秆以及秕壳等。其中秸秆和秕壳类饲料在前文农副产品中做过介绍，因此这里不再赘述，主要对干草类饲料进行介绍。

干草是指植物在生长阶段收割后干燥保存的饲草。大部分调制的干草，是牧草在未结籽前收割的草。通过制备干草，达到了长期保存青草中的营养物质和在冬季对羊进行补饲的目的。

粗饲料中，干草的营养价值最高。青干草包括豆科干草（苜蓿、红豆草、毛苕子等）、禾本科干草（狗尾草、羊草等）和野干草（野生杂草晒制而成）。优质青干草含有较多的蛋白质、胡萝卜素、维生素D、维生素E及矿物质。青干草粗纤维含量一般为20%~30%，所含能量为玉米的30%~50%。豆科干草蛋白质、钙、胡萝卜素含量很高，粗蛋白质含量一般为12%~20%，钙含量1.2%~1.9%。禾本科干草含碳水化合物较高，粗蛋白质含量一般为7%~10%，钙含量0.4%左右。野干草的营养价值较以上两种干草要差些。

青干草的营养价值取决于制作原料的植物种类、收割的生长阶段以及调制技术。禾本科牧草应在孕穗期或抽穗期收割，豆科牧草应在结蕾期或初花期收割，晒制干草时应防止曝晒和雨淋，最好采用阴干法。

第七节　工业生产副产品饲料原料

随着粮油、食品加工及轻工发酵等行业的快速发展，出现了大量的加工副产品和发酵副产品，如醋糟、酒糟、酱糟、果渣等，这些资源的利用率不足10%。充分利用这些饲料资源发展反刍动物生产，不仅可以缓解畜牧业生产中饲料短缺的问题，而且可以保护环境、减少污染。

一、制糖工业副产品

1. 甜菜渣

甜菜渣是甜菜制糖的主要副产品之一。甜菜渣为淡灰色或灰色，略具甜味，干燥后呈粉状、粒状或丝状。甜菜渣的主要成分为无氮浸出物，以干物质计达60%以上，因而其消化能较高，达12兆焦/千克以上。甜菜渣中粗蛋白较少，且品质差，必需氨基酸少，特别是蛋氨酸极少。甜菜渣中钙、镁、铁等矿物质元素含量较多，但磷、锌等元素很少。甜菜渣中维生素较缺乏，但胆碱、烟酸含量较多。

新鲜甜菜渣有甜味，适口性好，可直接喂给动物，而且对母畜有催乳作用。但因甜菜渣含有游离酸，大量饲喂易引起动物酸中毒和腹泻，故应控制甜菜渣的喂量。一般平均日饲喂量（鲜样）为2~3千克，若干物质总量采食不够应减少喂量。甜菜渣体积大，可使羊有饱腹感。但含水量高达80%，营养浓度低。因此，饲喂时应与豆饼、玉米、青贮饲料、胡萝卜等搭配使用。

甜菜渣不宜作幼畜、种畜的饲料。

2. 甘蔗渣

甘蔗渣是一种粗纤维和木质素含量高而消化率低的粗饲料，目前我国年产甘蔗渣量很高，但目前大量的甘蔗渣主要作造纸原料，其次作燃料或被废弃而造成极大的浪费。

甘蔗渣中含粗蛋白2.26%，中性洗涤纤维90.97%，酸性洗涤纤维61.51%，半纤维素29.49%，纤维素47.10%，木质素13.52%，粗灰分9.63%。甘蔗渣因粗纤维和木质素含量高而消化率低，所以一般不能直接用作反刍动物饲料，国外大量研究证实碱处理甘蔗渣效果较好。经过氨化处理或氨碱复合处理后粗蛋白含量明显提高，纤维含量明显降低，如氨碱复合处理（尿素、生石灰和氢氧化钠分别为30克/千克、30克/千克、80克/千克干物质）后中性洗涤纤维含量从90.97%下降到15.65%；有机物消化率从20.82%提高到59.44%。以NaOH处理的效果最好，当NaOH用量为80克/千克干物质时，甘蔗渣营养价值可达中等羊草的水平。

3. 糖浆

糖浆是从糖汁液内析出结晶糖后的剩余物，是一种褐色黏稠的物质。有蔗糖浆、甜菜糖浆、柑橘糖浆和木糖浆等。

糖浆中粗蛋白含量很低，仅3%左右。无氮浸出物丰富。灰分主要是钾盐和钠盐，占8%～10%。有机酸含量较多，喂量过多会刺激胃肠黏膜，引起腹泻。

糖浆饲喂家畜时，应先加水，然后拌入粗饲料效果较好。

4. 糖蜜

糖蜜为制糖工业的副产品，根据其原料的不同，可分为甘蔗糖蜜、甜菜糖蜜、玉米葡萄糖蜜、柑橘糖蜜、木糖蜜、高粱糖蜜等。糖蜜一般呈黄色或褐色液体，大多数糖蜜具甜味，但甘蔗糖蜜略有苦味。

糖蜜的主要成分是糖类，如甘蔗糖蜜含蔗糖24%～36%，甜菜糖蜜含蔗糖47%左右。糖蜜中含有少量的粗蛋白质，其中多数属于非蛋白氮，如氨、硝酸盐和酰胺等。糖蜜中矿物质含量较多，其中，钾含量最高。

糖蜜具有甜味，可掩盖饲粮中其他成分的不良气味，提高饲料的适口性。糖蜜具有黏稠性，故能减少饲料加工过程中产生的粉尘，并能作为颗粒饲料的优质黏结剂。由于糖蜜含有糖分，可为反刍动物瘤胃微生物提供充足的速效能源，提高微生物的活性。

糖蜜用于反刍动物有多种饲喂方法，可以直接舔食或草上饲喂，但最好是做成营养舔砖，这样糖蜜不仅作为有效的能量类原料，而且还是一种很好的黏结剂及口味调节剂，在补充精料中如果含有口味差的原料，糖蜜亦可以用来遮掩不良口味，以保证牲畜的正常采食量。舔砖尤为适用于粗放条件下"低精料长周期"的饲养模式，被畜牧学家称为"牛羊巧克力"。

糖蜜在羊混合精料中的适宜用量应控制在10%以下。

二、酿酒工业副产品饲料原料

1. 啤酒糟

啤酒糟是以大麦为原料，经发酵提取其籽实中的部分可溶性碳水化合物酿造啤酒后的工业副产品，是啤酒生产中最主要的副产品，占废弃物总量的 80% 以上。

鲜啤酒糟水分含量 75% 以上，粗蛋白质 5.6%，粗脂肪 1.7%，粗纤维 3.7%，无氮浸出物 8.4%，粗灰分 1%。其营养成分受原料与加工工艺的影响而有差别，通常干物质中含粗蛋白质 26%～29%、粗纤维 16%～18%、钙 0.38%～0.52%、磷 0.35%～0.77%，无氮浸出物 40% 以上，可用作动物的蛋白质饲料。

啤酒糟适口性好，过瘤胃蛋白质含量高，较适用于绵羊，饲喂量可达混合精料的 30%～35%。啤酒糟还可做奶山羊饲料，具有催乳的功效。

2. 白酒糟

是谷物经酵母发酵，再以蒸馏法萃取酒后所得到的糟渣副产品。不同的谷物发酵得到不同的酒糟，如玉米酒糟、高粱酒糟等。

白酒糟营养价值因原料和酿造方法不同而差异较大。一般鲜白酒糟含水 70%～80%，经干燥后含水低于 10%，粗蛋白质含量 10%～25%，粗脂肪 3%～13%，粗纤维 17%～27%，无氮浸出物 30%～55%，粗灰分 6%～22%，钙 0.2%～0.5%，磷 0.2%～0.5%。由于发酵使 B 族维生素含量大大提高，也产生一些未知生长因子。酒糟的营养价值除受原料的影响外，还受夹杂物的影响。例如：在酿酒过程中，为了多出酒，要加入 20%～25% 稻壳，这样就使酒糟的营养价值大大降低。酒糟中纤维含量较高，影响单胃动物的消化吸收，但可以作为反刍动物的良好饲料。

鲜酒糟由于含水量高（70% 左右），不耐存放，易酸败，所以必须进行加工贮藏后才能充分利用。加工的方法有两种，即干法加工与湿法贮藏。干法加工又分为自然干燥与机器干燥。

饲喂生产母羊时酒糟量应控制在 0.5 千克左右，其日喂量：酒糟 0.5 千克、麦草粉 3.0 千克、精料 0.7 千克、优质苜蓿粉 0.5 千克。

饲喂育肥羊时酒糟的喂量一般在 3 千克左右，另加精料 1～2 千克和苜蓿粉 1 千克，可用此配方一直饲喂到羊出栏。种公羊不可饲喂白酒糟，啤酒糟可多喂些。

新鲜的酒糟中含有残存的酒精，如果未经处理直接饲喂动物会引起酒精中毒。酒精中毒临床上一般表现以兴奋不安、心律不齐、呼吸困难、体温偏低或正常、腹泻、腹痛、共济失调、肠臌气为主要特征，母畜会出现流产、早产；有的动物还会出现食欲废绝、结膜发绀、四肢麻痹等症状。为了避免此现象发生，在饲喂前应晾晒，使酒精充分挥发。

三、果品加工业的副产品

1. 柑橘渣

柑橘渣是以柑橘为原料制造柑橘汁和柑橘罐头时的副产品，主要为柑橘皮、核及榨汁后的果肉，占果实的40%～50%。柑橘渣营养丰富，含粗蛋白8.17%、粗纤维9.02%、粗灰分3.31%、粗脂肪2.6%、无氮浸出物65.7%、钙0.6%、磷0.07%。柑橘渣的主要缺点是含有一种发苦的柠檬苦素，影响适口性和消化率。

通常柑橘渣饲料可分成鲜柑橘渣、柑橘渣粉和青贮柑橘渣饲料3种。但鲜柑橘渣饲料供给有明显的季节性和地域性，不能作为利用的主要途径，故实际生产中以后两种途径为主。

美国生产干柑橘渣时，一般都加入0.3%～0.5%的生石灰以加快干燥，这种饲料含钙量高。另外有的国家在柑橘渣中配合10%～33%的糖蜜，制成糖蜜柑橘渣；有的为了提高柑橘渣含氮量而制成氨化柑橘渣。

Broderick等采用意大利当地山羊做了柑橘渣的动物试验，结果表明，在添加量小于30%（柑橘渣和青贮小麦秸混合物）的情况下，采食量、胴体品质和肉质都没有显著差异。Rihani等试验表明，用柑橘渣代替日粮中10%的能量饲料，脂肪、蛋白质、总能和无氮浸出物的消化率没有显著差异，而粗纤维的消化率明显升高。

2. 苹果渣

苹果渣是新鲜苹果经破碎压榨提汁后的剩余物，主要由果皮、果核和残余果肉组成，含有可溶性糖、维生素、矿物质及纤维素等丰富的营养物质，是良好的饲料资源。其营养成分特点是无氮浸出物和粗纤维含量高，而蛋白质含量低，并含有一定量的矿物质和丰富的维生素。

经测定，在苹果渣中果皮果肉96.2%，果籽3.1%，果梗0.7%，苹果渣的无氮浸出物为61.5%，其中总糖15.1%，粗脂肪6.8%，粗蛋白质含量6.2%。粗纤维中除了少量的果壳、果梗为木质素外，果肉、果皮多为半纤维素和纤维素。苹果渣还含有丰富的维生素、果酸和果糖，有利于微生物的直接吸收和利用，因此宜作反刍家畜的饲料。还含有少量果胶和单宁成分，因其对幼畜和家禽消化有不良影响，故不宜大量饲喂。

鲜苹果渣可直接饲喂，也可制成青贮或晒干制粉后用作饲料原料。

（1）鲜喂　鲜苹果渣酸度较大，pH值3.5～4.8，饲喂前最好用食碱进行中和处理，食碱用量为鲜果渣的0.5%～1.0%，以增强其适口性。鲜苹果渣含水量较大，能量相对较低，因此饲用量不宜过大，占日粮的1/3为宜，可用于奶山羊。通常是与混合精料拌在一起饲喂。

（2）苹果渣青贮　在制作苹果渣青贮时也需进行碱中和处理，如果水分过大可添加10%～20%的草粉和麸皮。通常最好同禾本科草类、青玉米秸、红苕（薯）蔓等混合青贮，鲜苹果渣可占30%～50%。

（3）苹果渣干粉　鲜苹果渣可以加工成苹果渣干粉，用来配制全价料或颗粒料，还可进行膨化处理。

在羊精料补充料中建议添加10%～25%。另外，在羊饲草中还可再添加少部分苹果渣干粉。若苹果渣中含籽实较多，则苹果渣干粉在日粮中的比例应适当降低。否则，由于籽实含的单宁较多，影响其适口性和饲喂效果。

四、淀粉加工业副产品

1. 淀粉渣

淀粉渣是以豌豆、蚕豆、马铃薯、木薯等为原料生产淀粉、粉丝、粉条、粉皮等食品的残渣。由于原料不同，其营养成分也有差异。以籽实为原料的淀粉渣，粗蛋白质含量14%～16%；以薯类为原料的淀粉渣，粗蛋白含量低，粗纤维含量高。淀粉渣的主要成分为无氮浸出物，粗纤维含量较高，钙、磷含量较低。

淀粉渣是羊的良好饲料，但不宜单喂，最好和其他蛋白质饲料、维生素类饲料等配合饲喂。

鲜淀粉渣的含水量很高，可达80%～90%，因其中含有可溶性糖，易引起乳酸菌发酵而带酸味，pH值一般为4.0～4.6，存放时间愈长，酸度愈大，且易被霉菌和酸败菌污染而变质，丧失饲养价值。故用作饲料时应窖贮或风干保存。

2. 玉米蛋白粉

玉米蛋白粉又叫玉米面筋粉，是生产玉米淀粉与玉米油的主要副产物之一，为玉米除去淀粉、胚芽、外皮后剩下的产品，其产量为原料玉米的5%～8%。其颜色呈金黄色，蛋白质含量愈高，色泽愈鲜艳。贮存时间长，色泽变淡，干燥则颜色偏黑。

玉米蛋白粉一般含蛋白质44.3%～63.5%，粗脂肪5.5%～7.8%，粗纤维1.0%～2.1%，无氮浸出物19.2%～37.1%，粗灰分0.9%～1.0%，中性洗涤纤维8.7%，酸性洗涤纤维4.6%，钙0.06%～0.07%，总磷0.42%～0.44%。羊消化能为18.37兆焦/千克左右。玉米蛋白粉纤维含量低，消化率高，能量高于玉米，属于高蛋白、高能量饲料。蛋白质含量很高，但氨基酸的组成不平衡，蛋氨酸含量高而赖氨酸、色氨酸严重不足。缺乏矿物质，维生素A含量高而B族维生素较少。

玉米蛋白粉可以作为部分羊的蛋白质饲料，因其比重较大应与容积大的饲料配合使用。

五、其他工业副产品

1. 酒精糟

酒精糟是用玉米、高粱等谷物发酵生产乙醇后，蒸馏废液经干燥处理后所得到的副产品。它融入了糖化曲和酵母的营养成分和活性因子，是一种高蛋白、高营养、无任何抗营养因子的优质蛋白饲料原料。

酒精糟通常根据原料来进行分类，如甘薯酒精糟、糖蜜酒精糟、玉米酒精糟等。根据干燥浓缩蒸馏废液的不同得到不同的副产品，脱水酒精糟（DDG）是将酒精废液作简单过滤，滤渣干燥，滤清液废弃，只对滤渣单独干燥而获得的饲料；可溶干酒精糟（DDS），是用除去固形物的残液浓缩干燥而得；含可溶物的脱水酒精糟（DDGS），是将滤清液干燥浓缩后再与滤渣混合干燥而获得的饲料。

酒精糟的营养成分受原料、主辅料比例、发酵工艺等的影响，差异很大，如以甘薯和稻谷为原料生产的酒精糟，干物质中含粗蛋白质8%、粗纤维21.4%，属粗饲料；以玉米加15%谷壳为原料生产的酒精糟，干物质中含粗蛋白质18.3%、粗纤维14.3%，属能量饲料；以高粱为原料生产的酒精糟，干物质中含粗蛋白质24%、粗纤维9%，是能量较高的蛋白质饲料。酒精糟中氨基酸含量不高，有较好的过瘤胃特性，尤其适用于反刍动物。由于微生物的作用，酒精糟中蛋白质、B族维生素及氨基酸含量均比玉米有所增加,并含有发酵中生成的未知促生长因子。

酒精糟主要用来饲喂生长和育肥的反刍家畜,不宜喂幼畜和妊娠家畜。

2. 豆腐渣

以大豆为原料制造豆腐的副产品,鲜豆腐渣水分含量高,可达78%～90%,含蛋白质3.4%左右。鲜豆腐渣经干燥后,含粗蛋白28.3%、粗脂肪12.0%、粗纤维13.9%、无氮浸出物34.1%、粗灰分3.8%、钙0.41%、磷0.34%。豆腐渣经干燥、粉碎后可做配合饲料原料,但加工成本高。

由于鲜豆腐渣含水量高,一般不宜存放过久,否则极易被霉菌及腐败菌污染变质。它和豆类一样含有抗胰蛋白酶等有害因子,饲喂过量易拉稀。因此,最好煮熟再饲喂,并搭配其他饲料,以提高其生物学价值。

鲜豆腐渣水分含量较高,不容易加工干燥,一般鲜喂,是育肥绵羊的良好多汁饲料。

第八节 常用矿物质饲料原料

矿物质是一类无机营养物质,存在于动物体内的各组织中,广泛参与体内各种代谢过程。除碳、氢、氧和氮4种元素主要以有机化合物形式存在外,其余各种元素无论含量多少,统称为矿物质或矿物质元素。

羊日粮组成主要是植物性饲料,而大多数植物性饲料中的矿物质不能满足羊快速生长的需要,矿物元素在机体生命活动过程中起十分重要的调节作用,尽管占体重很小,且不供给能量、蛋白质和脂肪,但缺乏时易造成羊生长缓慢、抗病能力减弱,以致威胁生命。因此生产中必需给羊补充矿物质,以达到日粮中的矿物质平衡,满足羊生存、生长、生产、高产的需要。目前,羊常用的矿物质饲料主要是含钠和氯元素的食盐,含钙、磷饲料的碳酸钙、磷酸氢钙、蛋壳粉、贝壳粉等。

一、食盐

食盐的成分是氯化钠,是羊饲料中钠和氯的主要来源。植物性饲料含钠和氯都很少，故需以食盐方式添加。精制的食盐含氯化钠99%以上，粗盐含氯化钠95%，加碘盐含碘0.007%。纯净的食盐含钠39%，含氯60%，此外尚有少量的钙、镁、硫。食用盐为白色细粒，工业用盐为粗粒结晶。

饲料中缺少钠和氯元素会影响羊的食欲，长期摄取食盐不足，可引起活力下降、精神不振或发育迟缓，降低饲料利用率。缺乏食盐的羊往往表现舔食棚、圈的地面、栏杆，啃食土块或砖块等异物。但饲料中盐过多，而饮水不足，就会发生中毒，中毒主要表现在口渴、拉稀、虚弱，重者可引起死亡。

动物性饲料中食盐含量比较高，一些食品加工副产品、甜菜渣、酱渣等中的食盐含量也较多，故用这些饲料配合日粮时，要考虑它们的食盐含量。食盐容易吸潮结块，要注意捣碎或经粉碎过筛。饲用食盐的粒度应全部通过30目筛，含水量不得超过0.5%，氯化钠纯度应在95%以上。

羊需要钠和氯多，对食盐的耐受性也高，很少见到羊食盐中毒的报道。羊育肥饲料中食盐添加量在0.4%~0.8%，最好通过盐砖补饲食盐，即把盐块放在固定的地方，由羊自行舔食，如果在盐砖中添加微量元素则效果更佳。

二、含钙饲料

钙是动物体内最重要的矿物质饲料之一。在实际生产中，含钙饲料来源广泛并且价格便宜，常用的含钙饲料主要有石粉、蛋壳粉、贝壳粉，还有含钙和磷的磷酸钙等。处在不同的生长时期、用于不同的生产目的的羊，不仅对钙的需求量不同，而且对不同来源的钙利用率也不同。一般饲料中钙的利用率随羊的生长而变低，但泌乳和怀孕期间对钙的利用率则提高。微量元素预混料通常使用石粉或贝壳粉作为稀释剂或载体，配料时应将其钙含量计算在内。

钙源饲料价格便宜，但用量不能过大，否则会影响钙磷平衡，使钙和磷的消化、吸收、代谢都受到影响。钙过多，像缺钙一样，也会引起生长不良，发生佝偻病、软骨症和流产等。常用钙源饲料如下。

1. 碳酸钙（石粉）

碳酸钙是由石灰石粉碎而成，是天然的碳酸钙，也是补充钙最经济的矿物质原料。

常用的石粉为灰白色或白色无臭的粗粉或呈细粒状。细粉状100%通过35目筛,一般颗粒越细,吸收率越佳。市售石粉的碳酸钙含量应在95%以上,含钙量在38%以上。

2. 蛋壳粉

蛋壳粉是用新鲜蛋壳烘干后粉碎制成。用新鲜蛋壳制粉时应注意消毒,在烘干最后产品时的温度应达132℃,以免蛋白质腐败和携带病原菌。蛋壳粉中钙的含量为25%左右。性质与石灰石相似。

3. 贝壳粉

贝壳粉为用各种贝类外壳(牡蛎壳、蛤蜊壳、蚌、海螺等的贝壳)粉碎后制成的产品。海滨多年堆积的贝壳,其内层有机物质已经消失,主要含碳酸钙,一般产品含钙量为30%~38%。细度依用途而定,为较廉价的钙质饲料。质量好的贝壳粉杂质少,钙含量高,呈白色粉状或片状。

4. 硫酸钙

硫酸钙主要提供硫和钙,生物学利用率较高。在高温高湿条件下可能会结块。高品质的硫酸钙来自矿石开采所得的产品精制而成,来自磷石膏者品质较差,含砷、铅、氟等较高,如未除去,不宜用作饲料。

三、含磷饲料

我国是一个缺乏磷矿资源的国家,磷源饲料的解决十分重要。含磷饲料主要有磷酸钙和磷酸钠等。

1. 磷酸钙类

磷酸钙类饲料主要有磷酸三钙、磷酸二钙和磷酸一钙等。各种饲料磷酸盐应保证最低磷含量,氟含量不可超过磷含量的1%。

(1) 磷酸钙 又称磷酸三钙,理论含磷20%、含钙38.7%,纯品为白色、无臭的粉末,饲料用常由磷酸废液制造,为灰色或褐色,有臭味,有无水和一水合两种,后者较多。不溶于水而溶于酸。经过脱氟的磷酸钙成为脱氟磷酸钙,为灰白色或茶褐色粉末。

(2) 磷酸氢钙 又称磷酸二钙,有无水和二水合两种。稳定性较好,生物学效价较高,一般含磷18%以上、含钙23%以上,是常用的磷补充饲料。

(3) 磷酸二氢钙　又称磷酸一钙及其水合物，一般含磷21%、含钙20%，生物学效价较高。作为饲料时要求含氟量不得高于磷含量的1%。纯品为白色结晶粉末。含一结晶水的磷酸二氢钙在100℃下为无水化合物，152℃时熔融变成磷酸钙。

2. 磷酸钠类

(1) 磷酸一钠　本品为磷酸的钠盐，呈白色粉末，有潮解性，宜干燥贮存。在钙要求低的饲料可用它作为磷源，在产品设计调整高钙、低磷配方时使用，磷酸一钠含磷26%以上、含钙19%以上。其价格比较昂贵。

(2) 磷酸二钠　为白色无味的细粒状，一般含磷18%~22%、含钠27%~32.5%，应用价值同磷酸一钠。

3. 骨粉类

以家畜骨骼加工而成，因制法不同成分及名称各异，是一种钙磷平衡的矿物质饲料，且含氟量低，但在使用前应脱脂、脱胶、消毒，以免传播疾病。一般多用作磷饲料，也能提供一定量的钙，但不如石粉、蛋壳粉价格便宜。虽然骨粉是一种钙磷平衡的饲料，但是根据国家规定，骨粉禁止用在羊饲料中。

四、天然矿物质饲料

天然矿物质饲料含有多种矿物元素和营养成分，可以直接添加到饲料中，也可以作为添加剂的载体使用。常见的天然矿物质主要有膨润土、沸石、麦饭石和海泡石等。

1. 膨润土

饲用膨润土是指钠基膨润土，或称膨润土钠，是一种天然矿产，呈灰色或灰褐色，细粉末状。我国膨润土资源非常丰富，易开采，成本低，使用方便，容易保存。钠基膨润土由于具有多方面的功能如吸附、膨胀、置换、塑造、黏合、润滑、悬浮等。在饲料工业中，它主要有三项用途：一是作为饲料添加成分，以提高饲料效率；二是代替糖浆等作为颗粒饲料的黏结剂；三是代替粮食作为各种微量成分的载体，起稀释作用，如稀释各种添加剂和尿素。

膨润土所含元素至少在11种以上，主要有硅、钙、钼、钾、镁、铁、钠等。视产地和来源，其成分也有所不同，大致为：硅30%、钙

10%、钼 8%、钾 6%、镁 4%、铁 4%、钠 2.5%、锰 0.3%、氯 0.3%、锌 0.01%、铜 0.008%、钴 0.004%,大都是羊生长发育所必需的常量和微量元素,它还能使酶和激素的活性或免疫反应发生显著变化,对羊生长有较高的生物学价值。

2. 沸石

天然沸石大多是由盐湖沉积和火山灰烬形成的,主要成分是硅酸盐和矾土及钠、钾、钙、镁等离子,为白色或灰白色,呈块状,粉碎后为细四面体颗粒,且颗粒具有独特的多孔蜂窝状结构。到目前为止已被发现的天然沸石有 40 多种,其中有利用价值的主要有:斜发沸石、丝光沸石、镁碱沸石、菱沸石、方沸石、片沸石、浊沸石、钙十字沸石等。其中以斜发沸石和丝光沸石使用价值较高。

沸石在结构上具有很多孔径均匀一致的孔道和内表面积很大的孔穴,孔道和孔穴占总体积的 50% 以上。因此在体内具有交换金属离子的功能,即吸收环境中的自由水分子把其本身所带的钾、钠、钙离子等交换出来,它可以吸收和吸附一些有害元素和气体,故有除臭作用,起到了"分子筛"和"离子筛"的作用。沸石还具有很高的活性和抗毒性,可调整羊瘤胃的酸碱性,对肝、肾功能有良好的促进作用。沸石还具有较好的催化性、耐酸性和热稳定性。在生产实践中沸石可以作为天然矿物质添加剂用于羊日粮中,饲料中用量为 2%~7%。沸石也可作为添加剂的载体,用于制作微量元素预混料或其他预混料。

3. 麦饭石

麦饭石的主要成分是硅酸盐,它富含羊生长发育所必需的多种微量元素和稀土元素,如硅、钙、钼、钾、镁、铁、钠、锰、磷等,有害成分含量少,是一种优良的天然矿物质营养饲料。我国北方各省均有麦饭石矿藏,有的产品命名为中华麦饭石。

麦饭石具有一定的生理功能和药物作用,它能增强动物肝脏中 DNA 和 RNA 的含量,使蛋白质合成增多。还可提高抗疲劳和抗缺氧能力,增加血清中的抗体,具有刺激机体免疫能力的作用。此外,麦饭石还具有吸附性和吸气、吸水性能,因能吸收肠道内有害气体,故能改善消化、促进生长,还可防止饲料在贮藏过程中受潮结块。

在羊日粮中用量为 1%~8%。麦饭石也可作为添加剂载体使用。

4. 海泡石

海泡石是一种海泡沫色的纤维状天然黏土矿物质，呈灰白色，有滑感，无毒、无臭，具有特殊的层链状晶体结构和稳定性、抗盐性及脱色吸附性，有除毒、去臭、去污能力。

海泡石具有很大的表面积，吸附能力很强，可以吸收自身重量200%～250%的水分，还具有一定的阳离子交换特性和良好的流动性。

海泡石在饲料工业上可以作为添加剂加入到羊日粮中，用量一般为1%～3%，也可作为其他添加剂的载体或稀释剂。

第二章 粗饲料的加工与调制

粗饲料是指天然水分含量在45%以下，干物质中粗纤维含量在18%以上的一类饲料，主要包括干草、秸秆、荚壳、干树叶及其他农副产品。其特点是，体积大、质量轻，养分浓度低，但蛋白质含量差异大，总能含量高，消化能低，维生素D含量丰富，其他维生素含量较少，含磷较少，粗纤维含量高，较难消化。但是经过饲料的综合加工和调制，可提高羊对粗饲料的利用效率。

粗饲料加工的目的是根据羊的生理和消化特点，以及粗饲料的营养特点和饲喂特点，通过加工调制的手段获得饲料中最大的潜在营养价值和生产效益。

粗饲料的加工主要有以下几方面的作用。

① 改变饲料的物理性状（如柔软度、水分、体积等），从而提高动物对饲料的采食量和消化率。

② 改善粗饲料的适口性，增加了动物可采食饲料的种类。

③ 提高饲料的营养成分和营养价值。

④ 去除或减少饲料中的某些抗营养成分，减少饲料营养在消化利用中的损失。

⑤ 便于长期储存和运输，便于饲料的配合。

第一节　干草的调制

干草是指青草（或者其他青绿饲料植物）在未结籽前刈割下来，经晒干或用其他方法干制而成。当水分含量为14%～17%时，称之为青干草。优质的青干草呈绿色，气味芳香，叶量大，含有丰富的蛋白质、矿物质、胡萝卜素、维生素D和维生素E，是羊的重要基础饲料。

新鲜饲草通过调制成干草，可实现长时间保存和商品化流通，同时干草又是生产其他草产品（如草粉、草颗粒等）的主要原料。

干草的营养价值取决于制作原料的种类、生长阶段和调制技术。一般豆科干草粗蛋白含量较高，而有效能在豆科、禾本科和禾谷类作物调制的干草间没有显著区别。青绿饲料经干制后除维生素D增加外，干物质损失18%～30%。调制成干草后，一般豆科和禾本科的植物质地好，营养价值高，而前者质量优于后者，而谷物类干草则不如豆科、禾本科。

一、干草调制的原理

刈割后的新鲜饲草如果处理方式和储藏手段不当很容易腐烂，造成损失；然而如果通过自然或人工干燥方法使刈割后的新鲜饲草迅速处于生理干燥状态，使细胞呼吸和酶的作用逐渐减弱甚至停止，并且在此过程中，饲草的养分分解很少。饲草的这种干燥状态防止了其他有害微生物对其所含养分的分解而霉败变质，从而达到长期保存饲草的目的。

干草的调制过程一般分为两个阶段。第一阶段，从饲草刈割到水分降至40%左右。这个阶段的特点是：饲草的细胞尚未完全死亡，呼吸作用继续进行，此时饲草中养分的变化为分解作用大于同化作用。因此为了减少此过程中养分的损失，必须尽量缩短水分降至40%以下的时间，促使细胞及早的死亡。第一阶段过程中饲草的养分一般减少5%～10%。第二阶段，饲草的水分从40%降至17%以下。这个阶段的特点是：饲草细胞的生理作用停止，大多数细胞已经死亡，呼吸作用停止，但是仍有一些酶参与一些微弱的生化活动，养分受细胞内酶的作用而被分解。此时，微生物已经处于生理干燥状态，繁殖活动也趋于停止。

二、适合调制成干草的种类

调制干草从理论上说，几乎所有的人工栽培的牧草、野生牧草都可用于制作干草，只是在实际生产中，一般茎秆较细、叶量适中的饲草效果比较好，即豆科和禾本科两大类饲草。

1. 用于调制干草的牧草收割时间

用于调制干草的饲草要适时刈割，合理调制才会使调制后的效果和质量处于最优。早期收割的饲草，虽然含蛋白质、维生素等营养丰富，但产量低，单位中养分含量相对较少，并且水分含量高，难以晒干；收割过迟，饲草中的粗纤维又会增多，蛋白质等营养也会降低，因此生产中应该掌握好刈割的时期,收割饲草时要注意减少叶片的损失。

禾本科饲草一般选在孕穗期及抽穗期,最迟在开花期刈割完。此类牧草主要是天然草地、荒山野坡、田埂以及沼泽湖泊内所生长的无毒野草和人工种植的牧草,其特点是茎秆上部柔软,基部粗硬,大多数茎秆呈空心,上下较均匀,整株牧草均可饲用。抽穗初期收割,其生物产量、养分含量均最高,质地柔软,适用于调制青干草。但是一旦抽穗开花结实,茎秆就会变得粗硬光滑,生物产量、养分含量、可消化性等均大幅度下降,调制成青干草后,其饲用价值明显降低。

豆科饲草一般在现蕾期或初花期、盛花期收割较好。用于制作干草的豆科牧草多为人工种植,常用的有苜蓿、草木樨、红三叶、白三叶、紫云英以及豆科类作物豌豆、蚕豆、黄豆等,这类牧草在结蕾期到盛花期其养分比其他生长期都要丰富,茎、杆的木质化程度很低,有利于草食家畜采食和消化。过了此期,牧草的茎秆逐渐变得粗硬光滑、木质化程度提高,再进行调制会减低其饲用价值。常见牧草品种的适宜收割期见表2-1。

表2-1 用于调制青干草的牧草适宜收割期

牧草品种	适宜的收割期
苜蓿	少于1/10花开时或长新花蕾时
红三叶	早期至1/2开花期
杂三叶	早期至1/2开花期
绛三叶	开花开始时
白三叶	盛花期
草木樨	开花开始时
红豆草	1/2豆荚充分成熟时
大豆草	1/2豆荚充分成熟时
胡枝子	盛花期
绢毛铁扫帚	株高30～40厘米
禾本科草	抽穗至开花期
苏丹草	开始抽穗
小谷草	籽粒乳熟期至蜡熟期

2. 用于调制干草的牧草品种

(1) 禾本科牧草

① 羊草 又名碱草,在我国主要分布于东北、西北、华北和内蒙

古等地，在俄罗斯、朝鲜、蒙古等国也有分布。羊草为松嫩、科尔沁、锡林郭勒和呼伦贝尔等草场上的优势种和建群种，20世纪50年代开始人工栽培，并迅速在许多地方建成了大面积的羊草人工草场。羊草是最适用于调制成干草的禾本科牧草之一，其干草粗蛋白含量为7%～13%，粗脂肪为2.3%～2.5%，叶片多而宽长，适口性较好。

② 芒麦　又名垂穗大麦草、西伯利亚碱草。芒麦是禾本科披碱草属多年生牧草，为北半球温带分布较广的野生牧草，在我国主要分布在东北、西北和内蒙古一带，在俄罗斯东南部、西伯利亚、远东、哈萨克斯坦及蒙古、日本均有分布。20世纪60年代初用于建立人工草地。芒麦抗寒力强、耐涝，但抗旱能力较差，对土壤适应性较广泛，在弱酸至弱碱性土壤和低湿盐碱地也能生长。芒麦叶量丰富，幼嫩时适于放牧，在抽穗至初花期收割，调制成干草品质较好，粗蛋白含量为11%～13%，粗脂肪2%～4%。

③ 披碱草　又名野麦草、直穗大麦草，是广泛分布于温带和寒带草原区的优良牧草，在我国主要分布在"三北"（东北、华北、西北）地区。披碱草以其抗寒、抗旱、抗风沙、抗盐碱而受到欢迎。调制干草的适宜收割期宜在抽穗至开花前进行，其粗蛋白含量为7%～12%，粗脂肪为2%～3%。若是收割过晚则导致草质粗硬，营养成分下降。

④ 苇状羊茅　又名苇状狐茅，为禾本科狐茅属多年生草本植物，起源于欧亚两洲，主要分布在温带与寒带的欧洲、西伯利亚西部及非洲北部，近年来在陕、甘、晋、豫、鄂、湘、滇、苏、浙、皖、鲁等省表现出了良好的适应性和较高的产量。苇状羊茅丛生、须根，有短地下茎，茎直立、坚硬。耐旱、耐湿、耐热，既能在较寒冷的条件下生长，也能在亚热带丘陵岗地安全越夏，但耐寒性较差，在肥沃、潮湿的土壤上种植，产量高，再生性强，耐刈割。可在暖温带、亚热带丘陵岗地和轻盐碱地上广泛种植，也可与白三叶组成混播草地。苇状羊茅调制成干草宜在抽穗期刈割，干草的粗蛋白含量为13%～15%，粗脂肪为3%～4%。如果收割过晚，则易造成草质粗硬，适口性差。

⑤ 黑麦草　黑麦草原产于西南欧、北非及西南亚，现为我国亚热带高海拔、降水量较多地区广泛栽培优良牧草，至今已经培育成不同特点的60余个品种。黑麦草为上繁草、密丛型，分蘖力强，可达数十个至百余个。黑麦草喜温暖、凉爽、潮湿的气候，怕炎热、不耐干旱和寒

冷。黑麦草是我国长江流域及南方各省春、秋、冬常绿的重要牧草。草质柔软，叶量较多，羊喜食。初穗盛期刈割调制成干草，其粗蛋白含量为9%～13%，粗脂肪为2%～3%。因其叶片多而柔软，是肉羊的优质干草。

(2) 豆科牧草

① 紫花苜蓿　紫花苜蓿起源于小亚细亚、外高加索、伊朗和土库曼斯坦等国家的高地，是目前世界上分布最广的豆科牧草。我国早在2000年前就开始种植，主要分布在"三北"地区。苜蓿被称为"牧草之王"，不仅是由于它的草质优良、营养丰富，而且是由于其具有广泛的适应性。苜蓿茎叶柔软，适合调制干草，调制的最适宜收割期为初花期，干草粗蛋白含量为18%～20%，粗脂肪为3.1%～3.6%，收割过晚则其营养成分会下降，草质粗硬。

② 沙打旺　又名直立黄芪，为豆科黄芪属多年生草本植物。我国豫、冀、鲁等省作为牧草和绿肥栽培，已有数百年历史。20世纪60年代以来，东北、华北和内蒙古等省（区）大规模飞播种植，发展很快。沙打旺不仅可以作为饲料用，而且也是防风固沙、保持水土、作为燃料和肥料的良好植物。沙打旺宜在初花期收割调制成干草，粗蛋白质含量为12%～17%，粗脂肪为2%～3%。沙打旺茎秆较为粗硬，整株饲喂利用效率较低，最好将其粉碎后，混拌其他饲料饲用，以提高利用率和保证营养平衡。

③ 红豆草　又名驴食豆、驴喜豆，为豆科红豆草属多年生草本植物，饲用价值与苜蓿相近，有"牧草皇后"之称，1000多年前已在亚美尼亚栽培，后引入法国、俄罗斯、英国，现分布于欧洲、非洲和亚洲西部、南部，在我国甘、宁、陕、青、川、藏等省区大面积种植，成为我国干旱地区很有发展前途的重要豆科牧草。开花期的红豆草适于调制干草，因为此时茎叶水分含量较低，容易晾晒，但也要注意防止叶片脱落。开花期的红豆草干草粗蛋白质含量为15%～16%，粗脂肪为2%～5%，干草的消化率在70%左右。

④ 小冠花　小冠花为豆科花属草本植物，原产于南欧及东地中海一带。我国1967年引入，已经在北京、陕西、山西、江苏等地种植，生长良好。新鲜的小冠花含有低毒物质3-硝基丙酸糖苷，但对羊安全。调制干草宜在现蕾期至初花期收割，干草饲喂羊很安全，盛花期的粗蛋

白质含量为 19%～22%，粗脂肪为 1.8%～2.9%，粗纤维含量为 21%～32%。

⑤ 红三叶　又名红车轴草，为豆科三叶草属多年生牧草。原产小亚细亚与东南欧，广泛分布于温带及亚热带地区。近年来在我国长江流域以南均有种植。红三叶草质柔软，适口性好，羊喜食。调制干草一般为现蕾盛期至初花期，现蕾期的粗蛋白质含量为 20.4%～26.9%，而盛花期仅为 16%～19%，粗脂肪含量为 4%～5%。红三叶草的叶量大，茎中空且所占比例小，易于调制干草。

⑥ 格拉姆株花草　格拉姆株花草是近年来澳大利亚推出的一个热带豆科柱花草新品系。1980 年广西黔江示范牧场首次引进，目前已在海南、广西南部地区种植，可与其他禾本科牧草建立混播草地。格拉姆株花草是豆科柱花草属直立多分枝的多年生草本植物，是暖季生长的热带牧草，适于生长在冬季无霜而夏季高温的华南南部，格拉姆株花草茎细、毛少、叶量丰富，适口性好。调制干草的干燥率为 23%～25%，干物质粗蛋白质含量为 15%～17%，粗纤维为 33%～40%。干物质的消化率 48.4%，蛋白质消化率为 52.6%。

三、干草的调制方法

1. 晒制干草

禾本科牧草茎叶干燥速度基本一致，比较容易晒制。豆科牧草茎、叶干燥时间不同，叶片干燥快而茎秆干燥慢，往往晒制过程中叶片大量损失，严重降低干草的营养价值。晒制干草首先应考虑当地气候条件，应选择晴天进行。刈割后就地平摊，晴天晾晒一天，叶片凋萎，含水量为 45%～50%时，集成高约 1 米的小堆，经过 2～3 天，当禾本科牧草揉搓草束发出沙沙声，叶卷曲，茎不易折断；豆科牧草叶、嫩枝易折断，弯曲茎易断裂，不易用手指甲刮下表皮时，即已下降到含水量为 18%左右，可以运回畜圈附近堆垛贮存。在晒制豆科牧草时，避免叶子的损失是至关重要的，在运送豆科牧草时最好是利用早晨时间。晒制过程一定要避免雨水淋湿、霉变，以保证干草的质量。堆垛后应特别注意草垛不要被水渗透，以致干草腐烂发霉。

一般晒制干草的方法如下所述。

（1）自然干燥法

① 地面干燥法 将收割后的牧草在原地或者运到地势比较干燥的地方进行晾晒。通常收割的牧草干燥4~6小时，使水分降到40%左右后，用搂草机搂成草条继续晾晒，使水分降至35%左右，然后用集草机将草集成草堆，并保持草堆的松散通风，直至牧草完全干燥。

② 草架干燥法 在比较潮湿的地区或者在雨水较多的季节，可以在专门制作的草架子上进行干草调制。干草架子有独木架、三脚架、幕式棚架、铁丝长架、活动架等。在架子上干燥可以大大提高牧草的干燥速度，保证干草的品质。在架子上干燥时应自上而下地把草置于草架上，厚度应小于70厘米，并保持蓬松和一定的斜度，以利于通风和排水。

③ 发酵干燥法 发酵干燥法就是将收获后的牧草先进行摊晾，使水分降低到50%左右时，将草堆集成3~5米高的草垛逐层压实，垛的表层可以用土或薄膜覆盖，使草垛在两三天内温度达到60~70℃，随后在晴天时开垛晾晒，将草干燥。当遇到连绵阴雨天时，可以在温度不过分升高的前提下，让其发酵更长的时间，此法晒制的干草营养物质损失较大。

（2）人工干燥法

① 吹风干燥法 利用电风扇、吹风机和送风器对草堆或草垛进行不加温干燥。常温鼓风干燥适合用于牧草收获时期的昼夜相对湿度低于75%、温度高于15℃的地方使用。在特别潮湿的地方鼓风用的空气可以适当加热，以提高干燥的速度。

② 高温快速干燥法 利用烘干机将牧草水分快速蒸发掉，含水量很高的牧草在烘干机内经过几分钟或几秒钟后，水分便下降到5%~10%。此法调制干草对牧草的营养价值及消化率影响很小，但需要较高的投入，成本大幅度增加。

③ 压裂草茎干燥法 牧草干燥时间的长短主要取决于其茎秆干燥所需要的时间，叶片干燥的速度比茎秆要快得多，所需的时间短。为了使牧草茎叶干燥时间保持一致，减少叶片在干燥中的损失，常利用牧草茎秆压裂机将茎秆压裂压扁，消除茎秆角质层和维管束对水分蒸发的阻碍，加快茎秆中水分蒸发的速度，最大限度地使茎秆的干燥速度与叶片干燥速度同步。压裂茎秆干燥牧草的时间要比不压裂茎秆干燥的时间缩短1/2~1/3。

2. 干草的加工

调制成的干草由于其体积大,在大型规模养殖场通常选择将干草继续加工成青草粉或者进而制粒成干草颗粒饲料。

(1) 青草粉的加工　青草粉是指将适时刈割的牧草经快速干燥后粉碎而成的青绿色粉状饲料,许多国家把青草粉作为重要的蛋白质、维生素饲料资源。

生产优质的青草粉的原料主要是一些高产优质的豆科牧草及豆科与禾本科混播牧草,如苜蓿、沙打旺、草木樨、三叶草、红豆草和野豌豆等。若采用混播牧草,则优质豆科牧草的比例(按干物质计)应不低于1/3~1/2,目前世界各国加工青草粉的主要原料是苜蓿。不适宜加工青草粉的有杂类草、木质化程度较高且粗纤维含量高于33%的高大粗硬牧草;含水量在85%以上的多汁、幼嫩饲草,如聚合草、油菜等也不适于加工青草粉。

(2) 干草颗粒饲料　牧草经干燥后,一般采用锤片式粉碎机进行粉碎。为了减少青草粉在贮存过程中的养分损失及便于贮运,通常再把草粉压制成草颗粒,草颗粒的容重一般为草粉的2~2.5倍。这样可以减少草粉与空气的接触面积,从而减少氧化作用和养分损失,而且在制粒过程中还可以加入抗氧化剂,以防止胡萝卜素的损失。

干草制成颗粒饲料还可以减少运输和储藏中的容积,便于贮运;减少饲喂中的浪费;增加采食量,提高生产性能;几种饲草混合制粒,可以防止羊择食,提高干草的利用率。但将干草制成颗粒饲料,会增加饲喂的成本,只有在养殖场或者兼做饲料加工厂时才划算。

第二节　青贮饲料的调制技术

青贮饲料是指将新鲜青刈饲料、饲草、野草等,切碎装入青贮塔、窖或塑料袋内,隔绝空气,经过乳酸菌的发酵,制成的一种营养丰富的多汁饲料。

青贮是保存牧草营养价值的好方法,就是在密封厌氧的条件下通过乳酸菌发酵使青贮料变酸,抑制了引起腐败的微生物的活动,使青贮料得以长期保存的方法。禾本科牧草含碳水化合物较多,容易青贮。豆科牧草含蛋白质较多,单贮不易成功,宜与禾本科牧草混合青贮。青贮料的含水量应为65%~75%,豆科牧草也可进行低水分青贮或半干青贮。即在豆科牧草刈割后晾晒一天,使含水量达45%~50%时,切短、压紧及密封。这种青贮,由于含水量较低,干物质含量比一般青贮料高1倍,所以营养物质也较多,损失较少,适口性好,兼有干草和青贮料两者的特点,是解决豆科牧草青贮的一个好办法。

青贮饲料基本上保持了青绿饲料的原有特点,可以有效地保持青绿植物的青鲜状态,而且可以长期保存,使羊在缺乏青绿饲料的漫长枯草期也能吃到青绿饲料。另外青贮饲料还具有营养价值高、多汁适口、消化率高、原料来源广、经济适用等优点,在畜牧业牛羊生产上得到大力推广与应用。

青贮饲料的诸多优点,具体可归纳成以下几个方面。

① 青贮过程养分的损失低于用同样原料调制干草的损失。

② 饲草经青贮后,可以很好地保持饲料青绿时期的鲜嫩汁液、质地柔软,并且具有酸甜清香味,从而提高了适口性。

③ 青贮饲料能刺激牛羊的食欲,促进消化液的分泌和肠道蠕动,从而可增强消化功能。用同类原料分别调制成青贮饲料和干草进行比较,青贮饲料不仅含有较高的可消化粗蛋白、可消化总养分和可消化总能量;而且消化率也高于干草。此外,当它和精料、粗饲料搭配饲喂时,还可提高这些饲料的消化率和适口性。

④ 一些粗硬原料和带有异味的原料在未经青贮之前,牛羊不喜食,经青贮发酵后,却可成为良好的牛羊饲料,从而可有效地利用饲料资源。

⑤ 青贮饲料可以长期贮存不变质,因而可以在牧草生长旺季,通过青贮把多余的青绿饲料保存起来,留作淡季供应,可以做到常年供青,从而使牛羊终年保持高水平的营养状态和生产水平。

一、青贮饲料的发酵原理与过程

1. 青贮的发酵原理

在适宜的条件下,通过乳酸菌的厌氧发酵产生酸性环境,抑制和杀死各种微生物的繁衍,从而达到保存饲料的目的。

2. 青贮发酵的基本过程

青贮饲料调制中的发酵过程大致可分为有氧期、厌氧发酵期、稳定期三个主要的发酵阶段。

（1）有氧期　该阶段从青贮料放入窖中开始，该阶段原料空隙中存在大量的氧气，而植物细胞尚在继续呼吸，呼吸消耗氧气产生二氧化碳释放大量的热；进而二氧化碳逐渐占据青贮料中的空隙，使青贮料逐渐变为厌氧环境，再加上产热，为乳酸菌的繁殖提供了条件。好气发酵期是在青贮后的3~5天，这一阶段青贮原料在青贮窖中的下沉幅度最大，如水分含量高时，第四五天的渗漏最为严重。

（2）厌氧发酵期　这一阶段是乳酸菌增殖，乳酸形成的时期，在正常的情况下窖内温度由33℃降到25℃，pH值由6下降到3.4~4.0，该阶段持续15~20天。

（3）稳定期　该阶段由于产生的乳酸已经达到最高的水平，在其他杂菌的繁殖受到抑制的同时，乳酸菌也受到抑制，如果青贮窖镇压的紧，封顶严密，空气排出得干净，青贮饲料可以稳定不变地得到长期保存；如果乳酸量少，有害杂菌、丁酸菌就会繁殖，产生丁酸，并作用于青贮原料引起蛋白质、氨基酸分解生成氨与胺，这时青贮料会发出臭味，降低了适口性；如果青贮窖封盖破损，空气进入，霉菌繁殖，乳酸分解，导致酸度下降、杂菌增殖，会致使青贮饲料能量减少，品质受到不良影响。

二、青贮设备

生产中采用的青贮设施有青贮窖、青贮塔、塑料薄膜、不锈钢容器等。

1. 青贮窖

青贮窖是我国北方地区使用最多的青贮设施。根据其在地平线上下的位置可分为地下式、半地下式和地上式青贮窖，根据其形状又有圆形与长方形之分。一般在地下水位比较低的地方，可使用地下式青贮窖，而在地下水位比较高的地方应建造半地下式和地上式青贮窖。建窖时要保证窖底与地下水位至少距离0.5米（地下水位按历年最高水位为准），以防地下水渗透进青贮窖内，同时要用砖、石、水泥等材料将窖底、窖壁砌筑起来，以保证密封和提高青贮效果。

当青贮原料较少时，最好建造圆形窖，因为圆形窖与同样容积的长方形窖相比，窖壁面积要小，贮藏损失少。一般圆形窖的大小以直径2

米，窖深3米，直径与窖深比例为1：（1.5～2）为宜。如果青贮原料较多，易采用长方形窖，其宽、深比与圆形窖相同，长度可根据原料的多少来决定。在建造青贮窖时可参考表2-2中参数来确定窖的大小尺寸。

表2-2　不同原料青贮后的容量

原料种类	容量/(千克/米^3)
叶菜类、紫云英、甘薯块根等	800
甘薯藤	700～750
萝卜叶、芜菁叶、苦荬菜	600
牧草、野草	600
青贮玉米、向日葵	500～550
青贮玉米秸	450～500

2. 青贮塔

青贮塔是用砖、水泥、钢筋等材料砌筑而成的永久性塔形建筑。适于在地势低洼、地下水位高的地区的大型牧场使用。塔的高度一般为12～14米，直径3.5～6.0米，窖壁厚度不少于0.7米。近年来，国外采用不锈钢或硬质塑料等不透气材料制成的青贮塔，坚固耐用，密封性能好，作为湿谷物或半干青贮的设施，效果良好。

3. 塑料薄膜

可采用0.8～1.0毫米厚的双幅聚乙烯塑料薄膜制成塑料袋，将青贮原料装填于内；也可将青贮原料用机械压成草捆，再用塑料袋或薄膜密封起来，均可调成优质青贮饲料。这种方法操作简便，存放地点灵活，且养分损失少，还可以商品化生产。但在贮放期间要注意预防鼠害和薄膜破裂，以免引起二次发酵。

不管用什么原料建造青贮设施，首先要做到窖壁不透气，这是保证调制优质青贮饲料的首要条件。因为一旦空气进入其内，必将导致青贮饲料品质的下降和霉坏。其次，窖壁要做到不透水，如水浸入青贮窖内，会使青贮饲料腐败变质。再次，窖壁要平滑、垂直或略有倾斜，以利于青贮饲料的下沉和压实。最后，青贮窖不可得过大或过小，要与需求量相适应。

三、青贮饲料的调制

1. 调制青贮饲料应具备的基本条件

（1）充足的含糖量　青贮过程是一个由乳酸菌发酵，把青贮原料中的糖分转化成乳酸的过程，通过乳酸的产生和积累，使青贮窖内的pH下降到4.2以下，从而抑制各种有害微生物的生长和繁殖，达到保存青绿饲料的目的。因此，为产生足够的乳酸，使pH下降到4.2以下，就需要青贮原料中含有足够的糖分。

试验证明，所有的禾本科饲草、甘薯藤、菊芋、向日葵、芜菁和甘蓝等，其含糖量均能满足青贮的要求，可以单独进行青贮。但豆科牧草、马铃薯的茎叶等，其含糖量不能满足青贮的要求，因而不能单独青贮，若需青贮，可以和禾本科饲草混合青贮，也可以采用一些特种方法进行青贮。

（2）青贮原料的水分含量适宜　青贮原料中含有适宜的水分是保证乳酸菌正常活动与繁殖的重要条件，过高或过低的含水量，都会影响正常的发酵过程与青贮的品质。水分含量过少的原料，在青贮时不容易踏实压紧，青贮窖内会残存大量的空气，从而造成好气性细菌大量繁殖，使青贮料发霉变质；而水分含量过高的原料，在青贮时会压得过于紧实，一方面会使大量的细胞汁液渗出细胞造成养分的损失，另一方面过高的水分会引起酪酸发酵，使青贮料的品质下降。因此青贮时原料的含水量一定要适宜，含水量随原料的种类和质地不同而异，一般为60%～70%为宜。

（3）切短、压实、密封，造成厌气环境　切短的优点概括起来如下：①经过切碎之后，装填原料变得容易，增加密度（单位体积内的重量）；②改善作业效率，节约踩压的劳动时间；③易于清除青贮窖内的空气，有利于抑制植物呼吸并迅速形成厌氧条件，减少养分损失，提高青贮品质；④如使用添加剂时，能使添加剂均匀地分布于原料中；⑤切碎后会有部分细胞汁液渗出，有利于乳酸菌的生长和繁殖；⑥切短后在开窖饲喂时取用也比较方便，家畜也容易采食。压实是为了排除青贮窖内的空气，减弱呼吸作用和腐败菌等好气性微生物的活动，从而提高青贮饲料的质量。密封的目的是保持青贮窖内的厌气环境，以利于乳酸菌的生长和繁殖。

上述三个条件是青贮时必须要给予满足的条件，此外青贮时还要求青贮窖内要有合适的温度，因为乳酸菌的最适生长繁殖温度为20～30℃。然而青贮过程中温度是否适宜，关键在于上述三个条件是否满足。如果不能满足上述条件，就有可能造成青贮过程中温度过高，形成高温青贮，使青贮饲料品质下降，甚至不能饲用；当能满足上述三个条件时，青贮温度一般会维持在30℃左右，这个温度条件有利于乳酸菌的生长与繁殖，保证青贮的质量。

2. 常用的青贮原料

① 青刈带穗玉米　乳熟期整株玉米含有适宜的水分和糖分，是制作青贮的最佳原料。

② 玉米秸　收获果穗的玉米秸秆上若仍有1/2的绿色叶片，则适于青贮。若部分秸秆发黄，3/4的叶片干枯为青黄秸，青贮时每100千克原料需要加水5～15千克。

③ 甘薯蔓　需要及时青贮调制，避免因经霜打或晒成半干状态而影响青贮的质量。

④ 白菜叶、萝卜叶等　叶菜类含水分70%～80%，最好与干草粉和麸皮混合青贮。

3. 青贮饲料的制作方法

(1) 适时刈割　优质的青贮原料是调制优良青贮饲料的物质基础。青贮饲料的营养价值，除了与原料的种类和品种有关外，还与收割时期有关。一般早期收割其营养价值较高，但收割过早单位面积营养物质收获量较低，同时易于引起青贮料发酵品质的降低。

综合青贮品质、营养价值、采食量和产量等因素，禾本科牧草的最适宜刈割期为抽穗期（出苗或返青后50～60天），而豆科牧草为初花期最好。专用青贮玉米，即带穗整株玉米，多采用在蜡熟末期收获（在当地条件下，初霜期来临前能够达到蜡熟末期的品种均可作为青贮原料）；兼用玉米即籽粒做粮食或精料，秸秆作青贮饲料。目前多选用在籽粒成熟时，茎秆和叶片大部分呈绿色的杂交品种，在蜡熟末期及时掰果穗后，抢收茎秆作青贮。

(2) 铡短　切碎的程度取决于原料的粗细、软硬程度、含水量、饲喂家畜的种类和铡切的工具等情况。对羊来说，一般把禾本科牧草和豆科牧草及叶菜类等原料，切成2～3厘米，玉米和向日葵等粗茎植物，切成 0.5~2 厘米为宜。柔软幼嫩的原料可切得长一些。切碎的工具各种各样，有切碎机、甩刀式收割机和圆筒式收割机等。无论采取何种切碎措施均能提高装填密度，改善干物质回收率、发酵品质和消化率，提高采食量，尤其是圆筒式收割机的切碎效果更高。利用切碎机切碎时，最好是把切碎机放置在青贮容器旁，使切碎的原料直接进入窖内，这样可减少养分损失。

（3）装填　选晴好天气，尽量一个窖要当天装完，防止变质与雨淋。装填时可先在窖底铺一层 10 厘米厚的干草，四壁衬上塑料薄膜（永久性窖不用铺衬），然后把铡短的原料逐层装入，铺平、压实，特别是容器的四壁与四角要压紧。由于封窖数天后，青贮料会下沉，因此最后一层应高出窖口 0.5~0.7 米。

（4）封顶及整修　原料装填完毕后要及时封严，防止漏水漏气。可先用塑料薄膜覆盖，然后用土封严，四周挖排水沟。也可以先在青贮料上盖 15 厘米厚的干草，再盖上 70~100 厘米厚的湿土，窖顶做成隆凸圆顶。封顶 2~3 天后，在下陷处填土，使其紧实隆凸。

四、青贮饲料的品质鉴定和取用

1. 青贮饲料的品质鉴定

主要是通过感官鉴定，必要时在条件允许的情况下可做实验室鉴定。感官鉴定是通过色、香、味和质地来进行判断。

优质青贮饲料呈绿色或黄绿色，有光泽；芳香味浓，给人以舒适感；质地松柔，湿润，不粘手，茎叶花能分辨清楚。

中等青贮饲料呈黄褐色或暗绿色；有刺鼻醋酸味，芳香味淡；质地柔软、水分多，茎叶花能分清。

低等青贮饲料呈黑色或褐色；有刺鼻的腐败味、霉味；腐烂发黏、结块，分不清结构。

劣质青贮饲料不能饲喂，防止饲喂后引发消化道疾病。

实验室鉴定用 pH 试纸测定青贮饲料的酸碱度，pH 值在 3.8~4.2 为优质，pH 值在 4.2~4.6 为中等，pH 值越高，青贮饲料的质量越差。测定有关酸类的含量也可判定青贮饲料的品质，在品质优良的青贮饲料里，含游离酸 2%，其中乳酸占 1/2，醋酸占 1/3，无酪酸。

2. 青贮饲料的取用

青贮饲料一般要经过 30～40 天便能完成发酵过程，此时即可开窖饲用。

对于圆形窖，因为窖口较小，开窖时可将窖顶上的覆盖物全部去掉，然后自表面一层一层地向下取用，使青贮料表面始终保持一个平面，切忌由一处挖窝掏取，而且每天取用的厚度要达到 6～7 厘米以上，高温季节最好要达到 10 厘米以上。

对于长方形窖，开窖取用时千万不要将整个窖顶全部打开，而是由一端打开 70～100 厘米的长度，然后由上至下平层取用，每天取用厚度与圆形窖要求相同，等取到窖底后再将窖顶打开 70～100 厘米的长度，如此反复即可。

另外在取用青贮饲料时要做好防止二次发酵的措施。青贮饲料的二次发酵是指在开窖之后，由于空气进入导致好气性微生物大量繁殖，温度和 pH 值上升，青贮饲料中的养分被分解并产生好气性腐败的现象。

为了防止二次发酵的发生，在生产中可采取以下措施：一是要做到适时收割，控制青贮原料的含水量在 60%～70%，不要用霜后刈割的原料调制青贮饲料，因为这种原料会抑制乳酸发酵，容易导致二次发酵。二是要做到在调制过程中一定要把原料切短，并压实，提高青贮饲料的密度。三是要加强密封，防止青贮和保存过程中漏气。四是要做到开窖后连续使用。五是要仔细计算日需要量，并据此合理设计青贮窖的断面面积，保证每日取用的青贮料厚度冬季在 6～7 厘米以上，夏季在 10～15 厘米以上。六是喷洒甲酸、丙酸、己酸等防腐剂。

羊饲喂青贮饲料时，喂量要由少到多，先与其他饲料混喂，使其逐渐适应。羊每只每天可喂 1.5～2.5 千克。用青贮饲料特别是优质的青贮饲料饲喂妊娠母羊，同时补饲精料，可以改善母羊繁殖性能。

妊娠母羊饲喂青贮饲料最好加温，切忌饲喂带冰碴儿的或霉烂变质的青贮饲料。若青贮饲料酸味太大，可在日粮中添加碱性物质进行中和来改善适口性。

五、特殊的青贮技术

1. 低水分青贮

又称半干青贮，干物质含量比一般青贮饲料高 1 倍以上，无酸味或微酸,适口性好,颜色深绿,养分损失少。用低水分青贮技术可以解决豆科牧草单独青贮不易成功的问题。制作时使青饲料尽快风干,一般应在收割后24～30小时内完成,豆科牧草含水量达到50%左右,禾本科牧草达到45%左右。然后在这种低水分状态下装窖、压实、封严。

2. 加尿素青贮

加尿素青贮是为了满足羊对粗蛋白的需求,提高青贮饲料的粗蛋白含量,在青贮原料中添加相当原料重的0.5%左右的尿素。在原料装填时,将尿素制成水溶液均匀地喷洒在原料上。

3. 加酸青贮

加入适量酸类可进一步抑制腐败菌和霉菌的生长。常用的添加酸有甲酸、苯甲酸和丙酸。甲酸的添加量为禾本科牧草添加0.3%,豆科牧草添加0.5%,但一般不用于玉米青贮;苯甲酸的添加量为青贮料的0.3%左右,一般先用乙醇溶解后添加;丙酸的添加量为青贮料的0.5%～1%。

4. 添加乳酸青贮

接种乳酸菌促进乳酸发酵,增加乳酸含量,保证青贮质量。目前使用的菌种主要是德氏乳酸杆菌,添加量为每吨青贮原料添加乳酸菌培养物0.5升或乳酸菌剂450克。

5. 添加酶制剂青贮

在青贮时加入淀粉分解酶和纤维素分解酶,把淀粉和纤维素分解成单糖,从而促进乳酸菌的发酵。青贮苜蓿时加入鸡尾酒酶,可以使青贮料的pH值由5.38降到4.1,每千克干物质中乳酸菌含量由57克提高到151克。苜蓿、红三叶草添加0.25%黑曲霉制剂,与普通青贮相比,纤维素减少29.1%～36.4%,青贮料含糖量保持在0.47%,有效地保障了乳酸的生成。

6. 添加营养物质青贮

直接在青贮过程中添加各类营养物质,能提高青贮的饲用价值。在玉米青贮中添加0.3%～0.5%磷酸钙,能补充钙、磷。在尿素玉米青贮中添加0.5%硫酸钠,可以促进肉羊对非蛋白氮的有效利用。除尿素外,还可以在青贮饲料中添加0.35%～0.4%的磷酸脲,不仅能增加青贮饲料的氮、磷含量,并能使青贮料的pH值较快达到4.2～4.5,有效保存青贮料中的养分。为提高饲喂效果，每吨青贮原料中可添加硫酸铜2.5 克、硫酸锰 5 克、硫酸锌 2 克、氯化钴 1 克、碘化钾 0.1 克和硫酸钠 0.5 千克。

7. 苜蓿专用添加剂青贮

主要成分：亚硫酸 20%～25%，甲醛酸 15%～18%，甲酸 3%～5%，硫酸铵 8%～10%，戊季四醇 2%～3%，糖类 2%～3%。收割前喷在苜蓿植株上，6～12 小时苜蓿含水量降到 65%～70%，有利于青贮。也可以在苜蓿收割切碎时喷洒，能防止液汁流出和蛋白质分解，青贮营养物质保存程度高，饲料消化率和饲喂效果好。一般每吨苜蓿用量6～8 升。

第三节　秸秆饲料的调制

秸秆类饲料主要是农作物收获籽实后的副产品，种类繁多，资源极为丰富，但是适口性很差，粗纤维含量很高，可达 30%～45%，有效能值较低。主要包括玉米秸、麦秸、高粱秸、豆秸、谷草、稻草等。

玉米秸的粗蛋白质为 6%～8%，粗纤维为 25%～30%，粗脂肪为 1.2%～2.0%，钙为 0.39%，磷为 0.23%。玉米秸的营养价值低，但由于其成本低，因此常作为羊的主要饲料，而且其外皮光滑，茎的上部和叶片营养价值较高，羊喜爱采食。

麦秸难消化，是质量较差的粗饲料。小麦秸的粗纤维含量可达40%，而粗蛋白质仅为 2.8%，并且含有硅盐和蜡质，适口性差，营养价值低。大麦秸适口性较好，粗蛋白为 4.9%，粗纤维为 33.8%。

稻草的营养价值低于麦秸、谷草，粗纤维含量为 34% 左右，粗蛋白质含量为 3%～5%。稻草含硅盐较高，为 12%～16%，因而消化率低，钙质缺乏，需要进行加工处理来改善饲喂效果。

豆秸含有木质素，质地坚硬，作为羊的饲料时将其粉碎与精料混匀效果较好。

谷草在禾本科秸秆中是品质最好的，其质地柔软厚实，可消化粗蛋白质、可消化总养分均较高，是羊的优良粗饲料，将其铡碎与干草混饲效果较好。

一、秸秆的加工

未经处理的秸秆营养成分不完善,消化性差,动物的采食量也低,因此需要用一些方法进行处理,总的来说可以归纳为三大类,即物理处理法、化学处理法和生物学处理法。

1. 物理处理法

(1) 切短和粉碎　秸秆最简便而又实用的方法之一。各种秸秆经过切短或粉碎处理后,便于羊咀嚼,减少能量消耗,同时也可提高采食量,并减少饲喂过程中的饲料浪费,也有利于和其他饲料进行配合。

粉碎虽然可以增加粗饲料的采食量,但也容易引起纤维物质消化率的下降和瘤胃内挥发性脂肪酸生成比率发生变化。据报道,秸秆粉碎后,瘤胃内脂肪酸的生成速度和丙酸比率将有所增加,同时由于随之而引起的反刍减少,导致瘤胃 pH 值下降。从饲料有效利用的角度考虑,一般考虑将秸秆切短饲喂,不提倡秸秆粉碎后直接饲喂动物。

(2) 浸泡　秸秆饲料浸泡后质地柔软,能提高其适口性。同时,浸泡处理可改善饲料采食量和消化率,并提高代谢能利用率,增加体脂中不饱和脂肪酸比例。

(3) 蒸煮和膨化　蒸煮处理的效果根据处理条件不同而异。据刘建新报道,在压力 15~17 千帕/厘米^2 下处理稻草 5 分钟,可获得最佳的体外消化率,而强度更高的处理将引起饲料干物质损失过大和消化率下降。动物实验也表明,过强处理反而会引起饲料消化率下降。

膨化处理是高压水蒸气处理后突然降压以破坏纤维结构的方法,对秸秆甚至木材都有效果。膨化处理的原理是使木质素低分子化,分解结构性碳水化合物,从而增加可溶性成分。

(4) 射线处理　用 γ 射线等照射低质粗饲料以提高其饲用价值的研究由来已久,被处理材料不同,处理效果也不尽相同,但一般能增加体外消化率和瘤胃挥发性脂肪酸产量,主要是由于照射处理增加了饲料的水溶性部分,后者被瘤胃微生物有效利用所致。

2. 化学处理法

(1) 碱处理法　碱类物质能使饲料纤维内部的氢键结合变弱,使纤维素分子膨胀,而且能使细胞壁中纤维素与木质素间的联系削弱,溶解半纤维素,有利于羊瘤胃中的微生物发挥其作用。碱处理的主要作用是提高消化率，可采用氢氧化钠或生石灰对秸秆进行处理。

（2）氨化处理　秸秆含氮量低，与氨相遇时，其有机物就与氨发生反应形成铵盐，铵盐则成为羊瘤胃内微生物氮源。另一方面，氨溶于水形成氢氧化铵，对粗饲料有碱化作用，破坏木质素与纤维素、半纤维素链间的酯键，提高其消化率。因此，氨化处理通过碱化与氨化的双重作用提高秸秆的营养价值。秸秆经氨化处理后，含氮量能增加一倍以上，纤维含量降低10%以上，饲喂羊时，秸秆采食量和养分消化率能提高20%以上，从而改善生产性能。

（3）酸处理　酸处理常用的酸类有硫酸、盐酸、磷酸、甲酸等，前两者多用于秸秆和木材加工副产品，后两者多用于保存青贮饲料。酸能破坏饲料纤维物质的结合，提高其消化利用性。

（4）化学处理脱木质素　普通的碱处理基本上没有脱木质素作用，提高碱用量或增加处理温度的压力时，可除去秸秆的部分木质素，从而使秸秆消化率提高幅度更大。已研究过的用于脱木质素的化学物质有亚氯酸钠、二氧化氯、高锰酸钾、过氧化氢、臭氧、亚硫酸盐、二氧化硫等。有机溶剂如乙醇、丁醇、丙酮配之以适当的催化剂也可脱木质素，而且溶剂可以回收。乙二胺也有很好的脱木质素效果。

二、秸秆的碱化技术

碱化处理可改变秸秆和秕壳的物理性质，提高秸秆和秕壳的消化率。由于秸秆和秕壳内含有木质素和硅酸盐，影响其消化率和营养价值，用碱处理后可除去大部分木质素和部分可溶性硅酸盐，使纤维素和半纤维素被释放出来，从而调高了秸秆和秕壳的营养价值。

1. 氢氧化钠处理法

用1.6千克氢氧化钠加水100千克，制成溶液。将秸秆铡成2～3厘米小段，每100千克干秸秆用上述氢氧化钠溶液6千克，使用喷雾器均匀喷洒，使之湿润。24小时后，再用清水把余碱洗去。

饲喂时把碱化秸秆与其他饲料混合使用，一般占日粮的20%～40%。

2. 生石灰处理法

每100千克干秸秆用3千克生石灰或4千克熟石灰、1～1.5千克食盐，再加上200～250千克水制成溶液。把溶液喷洒在切碎的秸秆上，拌和均匀，然后放置24~36小时，不用冲洗即可饲喂。

3. 氢氧化钠和生石灰混合处理法

秸秆不铡碎平铺成20~30厘米厚，喷洒1.5%~2%的氢氧化钠和1.5%~2%的生石灰混合溶液，然后压实。再重新铺放一次秸秆，并再次喷洒混合溶液（每50千克干秸秆喷80~120千克混合溶液）。经一周后，秸秆内温度达到50~55℃。经过这样的处理后，秸秆粗纤维的消化率可由40%提高到70%。

4. 氢氧化钠尿素处理法

本法既可以提高秸秆有机物的消化率，又可以增加秸秆中的含氮量。把占秸秆重量2%的氢氧化钠制成水溶液，然后加3%的尿素，拌匀，喷洒到秸秆上饲喂效果好。经由这样混合处理的秸秆在日粮中的比例不宜超过35%。

三、秸秆的氨化技术

氨化技术能破坏木质素与半纤维素的结合，提高粗纤维和各种营养成分的消化利用率，改善秸秆质地，并且能使秸秆含氮量增加1~1.5倍。

1. 原材料

要求清洁、未霉变、铡短为2~3厘米的秸秆。

氨源及容器可选择以下一种：液氨（无水氨），氨瓶或氨罐装运；工业或农用氨水，含氮量15%~25%，用胶皮带、塑料桶等密闭容器装运；农用尿素，含氮量46%，塑料袋密封包装。

2. 方法

（1）堆贮法　选用聚乙烯塑料布铺在地上，将铡成3厘米左右的秸秆堆在上面，然后再用塑料布盖上，四边用土压严，在上风头留个口，以便浇氨水。

（2）窖贮法　圆、方、长方形窖均可，一般要求窖的口径2~2.5米、深度为3~3.5米为宜，在窖底铺上塑料布，把铡好的秸秆装入即可。

（3）氨化注意事项　上述两种方法，都要把底面挖成凹形，以便贮积氨水。浇注氨水的数量，堆贮每100千克秸秆加氨水10~12千克，窖贮每100千克加氨水15千克。浇氨水时人要站在上风头，氨水最好浇注在中底部。

氨化时间因温度不同而异,气温20℃时,需7天左右;15℃时,需10天左右;5～10℃时,需20天左右;0～5℃时,一个月左右。当秸秆变成棕色时即可开口放氨。放氨需3～5天,以氨味全部散失、秸秆具糊香味,即可掺喂家畜。喂时数量要逐渐增加,最大喂量可占日粮的40%左右。

(4) 小垛法　适用于尿素处理,农户少量生产制作。在庭院内向阳处地面上,铺2.6米^{2}塑料膜薄膜,取3～4千克尿素,加水30千克,将尿素溶液均匀喷洒在100千克麦秸(或铡短玉米秸)上,堆好踩实,最后用13米^{2}塑料布盖好封边,越严越好。

小垛氨化100千克一垛,占地少,易管理,塑料薄膜可连续使用4～5次,投资小,省工。这种方法最适用于在农户推广。

四、秸秆的微贮技术

在农作物秸秆中,加入高效活性菌(秸秆发酵活干菌)贮藏,经一定的发酵过程使农作物秸秆变成具有酸、香味的饲料。一般将用微生物发酵处理后的秸秆称为微贮秸秆饲料。其原理:秸秆在微贮过程中,在适宜的温度和厌氧条件下,由于秸秆发酵菌作用,秸秆中的半纤维素-糖链和木质素聚合物的酯键被酶解,增加了秸秆的柔软性和膨胀度,使羊瘤胃微生物能直接与纤维素接触,从而提高了粗纤维的消化率。同时在发酵过程中,部分木质纤维素类物质转化为糖类,糖类又被有机酸发酵菌转化为乳酸和挥发性脂肪酸,使pH值降到4.5～5.0,抑制了丁酸菌、腐败菌等有害菌的繁殖,使秸秆能够长期保存不坏。

秸秆微贮饲料的制作除需要进行菌种的复活和菌液的配制外,其他步骤和尿素氨化秸秆制作方法基本相同。以市售的海星牌秸秆发酵活干菌为例,秸秆微贮的步骤如下。

1. 菌种的复活

秸秆发酵活干菌每袋3克,可处理秸秆1吨。处理秸秆前先将1袋发酵活干菌倒入2千克水中,充分溶解。最好先在水中加白糖20克,溶解后,再加入活干菌,这样可提高菌种复活率。然后在常温下放置1～2小时使菌种复活。复活好的菌剂要当天用完。

2. 菌液的配制

将复活好的菌种倒入充分溶解的 0.8%～1.0%的食盐水中拌匀。1000千克秸秆加入发酵活干菌3克，食盐8～10千克，水1000～1200千克。微贮饲料含水量达60%～70%最理想。

3. 贮存

用于微贮的秸秆一定要切短，在窖底铺放20～30厘米厚的秸秆，均匀喷洒菌液水，压实后，再铺放20～30厘米厚的秸秆，均匀喷洒菌液水，重复直到高出窖口40厘米再封口。

为提高微贮饲料的质量，在装窖时可以铺一层秸秆撒一层麸皮、米糠等养料。每吨秸秆可加1～3千克麸皮、米糠等，为微生物发酵初期提供一定的营养物质。秸秆装满充分压实后，在最上面一层均匀撒上一些食盐，再盖上塑料薄膜，薄膜上面撒上20～30厘米厚的稻秸、麦秸或杂草，覆土15～20厘米密封，保证窖内呈厌氧状态。

秸秆微贮后，一般在窖内贮藏21～30天即可完成发酵过程。品质优良的微贮稻秸、麦秸秆呈黄褐色，具有醇香和果香气味，并有弱酸味，手感松散、柔软湿润。

第四节 粗饲料加工成型调制技术

粗饲料加工成型调制技术就是把粉状的配合、混合饲料或草粉、草段、秸秆、秕壳和甜菜渣等饲料原料，加工调制成颗粒状、块状、饼状或片状等固型化饲料。其中以颗粒饲料的加工应用居多。对于粗饲料特别是秸秆类饲料和干草的成型加工，多以颗粒型或草块型饲料的加工调制为主。

粗饲料加工成型调制的优点：一是使饲料密度显著增加，因而便于贮存、运输、饲喂；二是改善了粗饲料的消化率和适口性，有利于增加采食量和预防代谢疾病。

一、颗粒饲料的加工成型调制

在颗粒饲料加工过程当中，粉化率高不仅使饲料品质受到影响，且使加工成本相应增高，并给饲料储运带来一定影响。要控制粉化率，首先是粉化率的测定。一般饲料厂均是在成品打包工序完结或堆码后抽样测定，其检测结果虽直观反映了饲料粉化率，但并不能做到对各工序环节造成粉化率波动因素的反映，因此建议对各工序进行有效监控，以做到预防为主、防治并举，另建议厂家需测定饲料运输到养殖户处饲喂前的粉化率，其代表最终粉化率质量结果。以下是对各工艺环节的分析。

1. 配方

由于各品种饲料配方差异，使其加工难易程度有所不同。一般来说，粗蛋白、粗脂肪含量较低饲料，其制粒加工容易；反之粗蛋白、粗脂肪含量较高则使其制粒后不易成型，颗粒松散，粉化率偏高。综合考虑饲料质量，配方是前提，在满足营养配比的情况下应尽量考虑制粒难易程度，以使综合品质得到保证。

2. 粉碎工序

饲料粉碎粒度的大小直接影响制粒质量，颗粒越小，其单位重量物料表面积越大，制粒时黏结性越好，制粒质量越高，反之则影响制粒质量，但粉碎粒度过小则造成粉碎工序成本增加，部分营养素破坏，根据综合品质要求和成本控制选择不同物料粉碎粒度，是给制粒工序打好基础的关键。通常畜禽饲料制粒前粉料粒度在16目以上，水产饲料制粒前粉料粒度40目以上。

3. 制粒工序

（1）首先调质是关键　如果调质不充分，则直接影响制粒质量，其因素主要包括调质时间、蒸汽压力、蒸汽温度等，其结果主要指标反映在调质水分和调质温度上。调质水分过低或过高、调质温度过低或过高均对制粒质量有较大影响，尤其过低会使饲料颗粒制粒不紧密，颗粒破损率和粉化率增高，不仅影响颗粒质量，且因筛分后反复制粒，使加工成本增高，一部分营养素损失。通常调质水分控制在15%～17%，温度70～90℃（入机蒸汽应减压至220～500千帕，入机蒸汽温度控制在115～125℃）。

（2）制粒机制粒质量的影响因素　根据不同品种选择不同规格环模，某些蛋白、脂肪含量高的品种要求选用加厚型环模。操作时压辊与环模间隙、物料流量、物料出机温度的调控都对制粒质量有不同程度影响，颗粒粒径与粒长的选择也值得考虑。出料温度通常控制在76～92℃（出机温度过低尤其造成饲料熟化不足，颗粒硬度降低）。

4. 冷却工序

本工序如因物料冷却不均匀或冷却时间过快，均会造成颗粒爆腰，造成饲料表面不规则、易断裂，从而加大粉化率。一般冷却时间应超过6分钟。冷却吸风量应在 $40\sim60$ 米^3/分钟，注意初始冷却时应在冷却器中物料达到一定料位前减少吸风量，随着料位增高，吸风量调至最佳，并使冷却器内物料分布均匀。

5. 振动分级筛

如果分级筛料层过厚，或分布不均匀，易造成筛分不完全，从而使成品中粉料增加。冷却器下料过快极易造成分级筛料层过厚，特别是粒径小于 2.5mm 时。

6. 成品打包工序

由于成品仓一般从厂房顶层分级筛下一直延伸至底层，落差大，则要求成品打包工序应在连续生产过程中，成品仓至少将成品储至 1/3 以上才开始打包，以避免饲料从高处落下摔碎，造成成品中粉料增加，特别是对于自身粉化率较高的物料更需如此。

综上所述，在颗粒饲料生产过程中制约粉化率的因素很多，因各饲料厂家配方、设备、加工工艺不同，其控制途径也不尽相同，但一般厂家均是在工艺操作控制上作努力，尽量作好工艺控制，以避免由于操作不当造成粉化率增高。但如果由于某些品种因营养需要或加工设备工艺限制，不能解决饲料粉化率偏高时，则要求考虑添加黏合剂辅助制粒，以避免设备大规模改造而带来的高投入。特别是水产饲料因其营养需要、生理特性和采食特性需添加黏合剂以提高饲料颗粒质量和入水保持时间。目前各饲料厂所选用黏合剂包括常用黏合剂和合成黏合剂。

（1）常用黏合剂　包括膨润土、小麦粉、α-淀粉等。膨润土主要作为填充物和黏合剂用，但主要是在畜禽饲料中使用，鱼饲料中较少使用，加工时制粒机磨损大，且不利于消化吸收。小麦粉和α-淀粉等作为普通黏合剂，特点是价格较低，但添加量大，所占配方空间大，黏结效果一般。

（2）合成黏合剂　主要成分均为二羟甲脲预聚体等高分子化合物。特点是添加量少，黏结性较高。但因属高分子化合物，不能被动物消化吸收，如添加量加大，则因其黏结性原理（固化高分子网囊结构）造成饲料组分消化吸收减慢，从而降低饲料消化和利用。

二、块状粗饲料的加工成型调制

块状饲料,俗称草块饲料或草饼饲料,是指将秸秆饲料或牧草先经切短或揉碎,后经特定机械压制而成的高密度块状饲料。其保留秸秆饲料或牧草的物理形态,不至于使饲料颗粒变过细、过短,符合羊消化生理特点及其对粗饲料有效纤维的最低要求,更有利于羊的健康。

生产块状粗饲料的主要原料有豆科牧草、禾本科牧草、各种农作物秸秆和各种经济作物的副产物,甚至包括灌木枝叶。经加工调制而成的块状粗饲料体积缩小,适口性和消化率提高,对动物的饲养效果改善。因此,粗饲料草块加工技术是当前解决我国农区和牧区冬春季节饲草资源不足的重要途径之一。

图2-1显示了块状粗饲料加工调制的详细工艺流程。块状粗饲料加工调制的工艺条件,将直接影响产品的质量、加工成本及其贮存、运输性能。

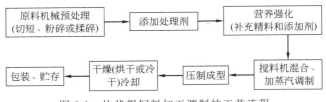

图2-1 块状粗饲料加工调制的工艺流程

三、其他成型饲料的加工成型调制

1. 砖形饲料

饲料舔砖是将用于补饲羊的蛋白质饲料、尿素、糖蜜、矿物质、精饲料等,与适量的草粉或秸秆粉混合,压制成砖块形状,可供羊舔食。它是一种高能、高蛋白的强化饲料,可补充放牧羊的营养不足,要求有一定的硬度,以防止羊过度舔食。舔砖可提高羔羊的初生重,促进生长发育,降低冬春季节体重下降速度等。实践中常用的有以下两种。

(1) 尿素盐砖 以尿素、矿物添加剂、精料、食盐、黏合剂和维生素等为主要成分,为避免羊过量舔食而引起中毒,可适当加入适量的草粉或秸秆粉,以降低采食量。

（2）矿物质、尿素、微量元素盐砖　以食盐为主要原料，加入适量尿素、矿物质、微量元素等成分压制成盐砖。

2. 化学块状与浇注块状饲料

化学块状饲料是近来国外研制的一种补充饲料，即在饲料中加入能产生发热反应的成分，最终导致块状饲料脱水或凝固。浇注块状饲料是将混合饲料倒入容器内进行固化或硬化。其优点是不需要机械设备和动力，加工成本较低。

化学块状饲料的调制方法：先将糖蜜分别与氧化钙悬浮液和磷酸混合，然后将两种混合物混合，最后再加入诸如尿素、蛋白质、矿物质、维生素和其他添加剂等成分。当混合物呈半固态状时，倒入容器中，在室温下一般经过4～5小时后即开始固化，继续静置20～24小时，即可形成硬块。

化学块状饲料配方例之一：糖蜜5%～80%，脂肪5%～20%，磷酸盐2.5%～4.0%，钙盐或镁盐0.8%～3.0%，乳化剂0.05%～1.0%，非蛋白氮7%～12%，维生素0.1%～0.5%，矿物元素0.1%～0.5%。

第三章 羊饲料的科学配制

在一定条件下凡能满足羊维持需要和生产需要、可被羊直接或间接利用、无毒副作用的物质称为羊的饲料。养羊生产的实质是将饲料转化为产品（肉、毛、皮、绒、奶）。因此，要获得好的经济效益和生产成绩，羊饲料的科学配制起到关键作用。同时，饲料的营养成分及饲料原料的特征、生产加工等影响羊的消化吸收和利用，直接影响生产效益。所以在从事羊的饲养时，应根据饲料的原料特征，合理的加工利用，科学的配制羊饲料，以期获得理想的饲养效果。

第一节 羊饲料的科学配制和配合饲料内涵

一、羊饲料的科学配制

单一的饲料原料各有其特点，有的以供应能量为主，有的以供应蛋白质和氨基酸为主，有的以供应矿物质或维生素为主，有的粗纤维含量高、有的是以特殊目的而添加到饲料中的产品，所以单一饲料原料普遍存在营养不平衡、不能满足动物的营养需要、饲养效果差等问题，有的饲料还存在适口性差、不能直接饲喂动物、加工和保存不方便的缺陷，有的饲料含抗营养因子和毒素等问题。为了合理利用各种饲料原料、提高饲料的利用效率和营养价值、提高饲料产品的综合性能、提高饲料的加工性能和保存时间等，有必要将各种饲料进行合理搭配，以便充分发挥各种单一饲料的优点，避免其缺点。

因此，在饲养实践中，根据羊的营养需要，综合考虑饲料原料的特性、来源、价格及营养成分的含量，计算出各种饲料原料的配合比例，即配制营养平衡、全价的日粮，这个过程是日粮配合。

二、羊饲料的配制原则

羊饲料的科学配制目标就是满足羊不同品种、生理阶段、生产目的、生产水平等条件下对各种营养物质的需求，以保证最大程度地发挥其生产性能及得到较高的产品品质。要求饲料原料的适口性好、成本低、经济合理，确保羊机体的健康、排泄物对环境污染最低。羊饲料配制一般遵循以下原则。

1. 以羊的饲养标准为依据

根据羊的不同品种和不同生理阶段，选择适当的推荐标准。可参照美国国家研究委员会（NRC）标准、法国营养平衡委员会（AEC）标准等或国内饲养标准，并根据本地区具体情况进行适当调整。根据标准中各个营养指标的需要水平确定适宜的添加量。

2. 饲料原料多样化

每种饲料原料都有其独特的营养特性，单一饲料原料不能满足羊的营养需要。因此，要保证原料多样化，尽量选择适口性好、来源广、营养丰富、价格便宜、质量可靠的饲料原料，达到养分互补，提高配合全价性和饲养效益。另外要根据当地情况，选择同类饲料中当地资源多、产量高且价格低的饲料原料，并要满足营养价值的需要。特别是要充分利用农副产品，以降低饲料费用和生产成本。应避免采用发霉、变质和含有毒有害因子的饲料。

3. 考虑羊的消化生理特点

不同生长阶段的羊对日粮要求不同。初生羔羊瘤胃尚未发育，瘤胃微生物区系未形成，没有消化粗纤维的能力，不能采食和利用粗饲料。成年羊的瘤胃是一个高效率而又连续接种供兼气性微生物繁殖的活体发酵罐，含有细菌、真菌、原虫等微生物，是消化粗饲料，特别是纤维素的主要器官。为了提高粗饲料的利用率，需要保持微生物生态平衡，增强有益菌的活性。为此，在日粮中加入少量粉碎玉米或糖蜜等高能量饲料，保证钙、磷、硫、钠、钾等矿物质元素的供应。所以，羊的日粮要以青、粗饲料为主，适当搭配精饲料。

4. 饲料原料搭配要合理

根据羊的消化生理特点，为了充分发挥瘤胃微生物的消化作用，在日粮组成中，要以青、粗饲料为主，首先满足其对粗纤维的需要，再根据情况适当搭配好精、粗饲料的比例。粗饲料是羊饲料不可缺少的饲料，对促进肠胃蠕动和增强消化力有重要作用，也是羊冬春季节主要饲料。新鲜牧草、饲料作物以及用这些原料调制而成的干草和青贮饲料一般适口性好、营养价值高，可以直接饲喂羊只。低质粗饲料资源如秸秆、秕壳、荚壳等，由于适口性差、可消化性低、营养价值不高，直接单独饲喂给羊难以达到理想的饲喂效果。

5. 正确使用饲料添加剂

饲料添加剂是配合饲料的核心，要选择安全、有效、低毒、无残留的添加剂，利用新型饲料添加剂如微生态制剂、酶制剂、缓冲剂、中草药添加剂等。在使用营养性添加剂的过程中，要注意羊的瘤胃特性，保护氨基酸、脂肪、淀粉等免受瘤胃微生物的破坏。

三、配合饲料的内涵

1. 配合饲料的概念

配合饲料指根据动物的不同生长阶段、不同生理要求、不同生产用途的营养需要以及饲料营养价值评定的试验和研究为基础，按科学配方把不同来源的饲料，依一定比例均匀混合，并按规定的工艺流程生产，以满足各种实际需求的混合饲料。

羊用配合饲料是指根据羊的不同品种、不同生理阶段、不同生产水平，按照羊的营养需要、饲料的营养价值、原料的供应情况和价格等条件，针对各种营养成分的需要量和消化生理特点，合理地确定饲粮中各种饲料原料组成的配合比例，把多种饲料原料和添加成分按照科学比例和加工工艺配合而成的、均匀一致且营养价值完全的饲料产品。

配合饲料是根据科学试验并经过实践验证而设计和生产的，集中了动物营养和饲料科学的研究成果，并能把各种不同的原料均匀混合在一起，从而保证有效成分的稳定一致，提高饲料的营养价值和经济效益。

2. 配合饲料的优点

（1）配合饲料营养全面，可充分满足羊的营养需要　传统的饲养方式日粮营养极不平衡，既浪费了饲料、饲草，又限制了羊的生长和繁殖。而配合饲料能够提供足够的能量、适宜的蛋白质、必需的矿物质元素和维生素。因而，随着养羊业的发展，羊用系列配合饲料得到普及和推广。

（2）饲料原料多样性，充分利用各种饲料资源　配合饲料是利用多种饲料原料合理搭配而成的，各原料营养成分之间互为补充。可以利用一些不易单独作饲料的原料，如尿素、矿物质、糟渣、饼粕等，还可充分利用当地的各种农副产品及牧草资源，因而扩大了饲料来源。

（3）弥补青、粗饲料营养的不足　目前，我国土地沙漠化非常严重，草原面积逐渐减少、草场退化，饲草资源严重不足，尤其在冬春季节。采用多种饲料原料，并合理搭配，生产配合饲料产品，尤其精料补充料可弥补青、粗饲料营养的不足。改粗放为舍饲，既可提高饲草的利用率，又能满足羊的营养需要，提高经济效益。

（4）饲用安全、贮运方便　配合饲料是根据羊的营养需要及卫生要求配制的，同时采用机械化生产加工，从而保障了饲料混合的均匀一致性。生产过程中加入抗氧化剂、抗黏结剂等各种饲料保藏剂，延长了饲料保存期，提高了配合饲料的质量，因而，饲用较方便、安全。另外，按科学配方加工而成的商品饲料，体积较小，因而贮存、运输等比较方便。

3. 配合饲料的意义

羊是所有家畜中较耐粗饲的动物，尤其是山羊，在粗饲料充足、品质优良的情况下，不再饲喂任何精料补充料，也可达到饲养的目的。然而，随着羊生产力水平的不断提高以及市场对羊肉需求量的增加，科学地配合日粮，适当补饲精料补充料也十分重要。特别是对于哺乳母羊、早期断奶羔羊、高生产水平的种羊以及以产奶为目的的奶山羊等更需补饲。

配合饲料是营养较完善的日粮，可以最大程度地满足羊的营养需要，有利于提高饲料的营养价值，改善羊的生产性能及产品品质，缩短饲养期，提高出栏率，提高饲料转化率和经济效益。另外，配合饲料有利于经济合理地利用当地的各种饲料资源，取得最大的社会效益；有助于充分发挥动物的遗传潜力，提高动物的生产效率和企业的经济效益。

四、配合饲料的分类

（一）按营养成分分类

1. 全价配合饲料

全价配合饲料也称全日粮配合饲料，它能直接用于饲喂饲养对象，能全面满足饲喂对象除水分外的营养需要，主要包括能量饲料、蛋白质饲料和矿物质等营养物质。羊用全价配合饲料是指能满足羊所需要的全部营养（粗纤维、能量、蛋白质、矿物质和维生素等）的配合饲料，又叫全日粮混合饲料。这种饲料包括粗饲料（秸秆、干草、青贮等）、能量饲料（谷物、糠麸等）、蛋白质饲料（饼粕、鱼粉等）、矿物质饲料（石粉、食盐等）以及各种饲料添加剂（微量元素、维生素、氨基酸、促生长剂、抗氧化剂等），按羊饲料标准中规定的营养需要量配制的，不需加任何成分即可直接饲喂。全价配合饲料饲喂效果较好，可保证羊营养均衡、全价，直接降低成本，获得较高的经济效益。

目前在养牛生产中正在推广应用全混合日粮（TMR）技术，就是一种将粗料、精料、矿物质、维生素和其他添加剂充分混合，能够提供足够的营养以满足动物需要的饲养技术。但养羊业则应用较少，有待进一步推广。

2. 精料补充料

精料补充料是目前养羊生产中最常用的配合饲料形式，是指为补充羊以青粗饲料、青贮饲料为基础日粮时的营养不足，用多种饲料原料按一定比例配制的产品。主要由能量饲料、蛋白质饲料和矿物质饲料组成。对羊来说，精料补充料不是全价配合饲料，只是日粮的一部分，也称为半日粮型配合饲料。养羊生产中，精料补充料必须与干草、青绿多汁饲料等粗饲料合理搭配使用，才构成全日粮型配合饲料。

对羊来说，粗料与精料应有一定的比例，应根据不同的生产阶段确定饲粮的精粗比例，肉羊快速育肥期精料比例应调高。另外，各地羊粗饲料品种、质量、数量不尽相同，不同季节所使用的青绿饲料、粗饲料不同，精料补充料应根据这些情况的变化来设计配方，合理应用。

通常精料补充料制成粉状饲料饲喂，青粗饲料或青贮饲料通过投放饲喂或放牧来满足。目前，我国广大农牧区羊用精料补充料应用尚未普及，还需进一步推广。

3. 浓缩饲料

浓缩饲料是指以蛋白质饲料为主，加上常量矿物质饲料（钙、磷、食盐）、维生素和添加剂预混料（有的含有非蛋白氮等）配制而成的混合饲料。浓缩饲料是我国的习惯叫法，而美国称之为平衡用配合饲料，泰国则叫料精。浓缩饲料是一种半成品料，按一定比例与能量饲料配合后就构成了羊用精料补充料。一般浓缩饲料占精料补充料的 $20\%\sim40\%$。

羊浓缩饲料要规定所搭配的能量饲料和青、粗饲料等的用量，可使用一定比例的非蛋白氮饲料代替蛋白质饲料，但要注意补充一定的硫，以提供瘤胃微生物合成含硫氨基酸的原料。浓缩饲料一般粗蛋白含量不少于30%，粗纤维含量不大于3%。对于蛋白质水平要求高的羔羊，浓缩饲料所占比例应大些，反之，则小些。

4. 添加剂预混合饲料

为了把微量的饲料添加剂均匀混合到配合饲料中，方便用户使用，将一种或多种微量的添加剂原料与稀释剂或载体按要求配比，均匀混合而成的产品称为添加剂预混合饲料，简称预混料。目的是有利于微量的原料均匀分散于大量的配合饲料中。预混合饲料是半成品，不能直接饲喂动物。一般添加剂预混料占精料补充料的0.2%~1%。

载体指能够接受和承载粉状活性成分的可饲物料。稀释剂是掺入到一种或多种微量添加剂中起稀释作用的物料。预混合饲料可视为配合饲料的核心，因其含有的微量活性组分常是配合饲料饲用效果的决定因素。从生产实际看，该类饲料可分为复合预混合饲料、微量元素预混合饲料、维生素预混合饲料三类。在养羊生产中，预混料可以制成粉状半成品配制精料混合料，也可制成饲料舔砖，直接使用。

添加剂预混合饲料应具有高度的分散性、均质性和散落性。微量元素添加剂和维生素添加剂不要配在一起，微量元素可使维生素受到破坏而失效，因而要单独存放。添加剂预混合饲料贮藏保管要避光、热、潮，并在生产后的1个月内使用完，最长不超过3个月。

（二）按饲料形状分类

1. 粉状饲料

指按要求将饲料原料粉碎到一定的细度，再按一定比例均匀混合的一种料形。粉料的粒度对反刍动物饲养效果、饲料转化率影响不大，适当增大粒度反而会提高饲养效果。一般建议羊用粉料的粒度在2.5毫米以上。生产中粉料是普遍使用的一种料形，其生产设备及工艺较简单，加工成本低，饲喂方便、安全、可靠，但容易引起挑食，浪费较多，运输中易产生分级现象。常用于精料补充料、浓缩饲料和添加剂预混合饲料的生产，使用时常拌湿后饲喂。

2. 颗粒饲料

指将均匀混合的粉状饲料通过蒸汽加压处理制成的颗粒状饲料。颗粒料密度大、体积小，便于运输和贮存，适口性好。动物采食量高；可避免挑食，减少浪费，提高了饲料的利用率，保证了饲料的全价性；并且制粒过程破坏了饲料中的有毒有害成分，起到杀毒杀菌的作用。但也存在成本高及加工过程中维生素、酶和赖氨酸效价降低等缺点。随着养羊集约化和规模化的发展，颗粒料也必将得到普遍应用。目前，此料形主要用于肥育羔羊的生产。

另外，还有牧草、秸秆颗粒饲料，此为饲料原料，用于养羊生产。以优质牧草为主要原料的颗粒饲料制作过程：牧草适时刈割→晾晒（使含水量降至40%~50%）→添加2%~3%的矿物质及其他微量成分→制粒。如苜蓿颗粒。

以农副产品为主要原料的颗粒料：以秸秆、皮壳等农副产品为主要原料，配合一部分秸秆及添加剂加工颗粒饲料。为提高秸秆的营养价值与适口性，通常将秸秆进行处理，如碱化，然后加工成型。通常，羊的秸秆颗粒饲料根据羊的营养需要，配合适量精料、糖蜜、维生素和矿物质添加剂，混合均匀，加工制成颗粒饲料，具有全价性，提高了粗饲料利用率。因其体积小，吸湿性减小，便于贮存运输，减少损失。如甜菜渣颗粒料，通称甜菜颗粒粕，是甜菜榨糖后的渣料，含水量高达90%左右，经干燥制粒后，含水量降低到14%左右，以便贮藏和运输。

颗粒饲料喂羊能增加采食量，促进生长发育，增重快，产毛量高。一般绵羊对颗粒饲料的采食率为90%~100%。用颗粒料喂肥育去势羊、种羊、妊娠母羊，效果均较好。

羊以采食粗饲料为主，如果颗粒料中的原料粉得过细，不利于羊的反刍及消化吸收，而粗饲料粉得不够细又不容易黏合在一起。因此，如何既有利于羊的消化吸收，又能充分利用粗饲料，需要在颗粒料的制作工艺上进一步探索。

3. 块状饲料

包括饲料原料和配合饲料产品两大类。一般指重量在1千克以上的正方形、长方形或圆形饲料。常用于牛羊等反刍动物的舔砖。羊饲料舔砖是指根据羊的生理特点与营养需要设计，把用于羊补饲的蛋白质饲料、尿素、矿物质、精饲料等，混入适量的草粉或秸秆粉，经高压压制成砖块状舔食用添加剂，富含可溶性氮、碳水化合物、维生素和矿物质。它是一种高能、高蛋白的强化饲料，可补充羊放牧后的营养不足部分。

羊饲料舔砖一般常用的有矿物质盐砖、精料补充料砖和驱虫药砖。矿物质微量元素舔块,通常以羊日粮中容易缺乏的矿物质微量元素为原料,如磷酸氢钙、硫酸镁、硫酸锰、碘化钾、硫酸铜、硫酸锌、亚硒酸钠和食盐等。精料补充料舔块,主要原料为油脂、糖蜜、鱼粉、尿素、豆粕、维生素和矿物质元素等,配方可根据羊不同时期营养需要进行调整。

在我国通常以尿素、矿物质添加剂、精料、食盐、黏合剂(如糖蜜)及维生素等为主要成分,压制成尿素舔砖,为避免羊舔食过量而中毒,可加入适量的草粉和秸秆粉。

4. 膨化饲料

膨化饲料是将粒状、粉状混合饲料加入适量水分,在120~170℃使饲料木质素溶化,纤维分子断裂而发生水解,同时在1.9~9.8兆帕压力下突然解压,破坏纤维素结构,使细胞壁结构疏松。膨化饲料多用于鱼类饲养,对羊来讲,是一种新型饲料。

在羊饲料中,常补充尿素作为非蛋白氮,通常将尿素与谷物如玉米、燕麦等和对铵离子有选择性吸附作用的保护剂及其他添加剂,经膨化制成粒状补充饲料。其饲用价值、安全性和应用效果比尿素直接饲喂或制成氨化饲料优势明显,可以作为一种新型的高蛋白质补充料。

第二节 饲料中的重要营养成分与表示

一、常用青干草及其主要营养成分(见表3-1)

表3-1 常用青干草及其主要营养成分

饲料名称	来源	干物质/%	粗蛋白/%	粗脂肪/%	粗纤维/%	无氮浸出物/%
冰草(干)	内蒙古	90.3	9.7	4.3	32.7	37.5
黑麦草(干)	吉林	87.8	17.0	4.9	20.4	34.3
混合牧草(干)	内蒙古	90.1	13.9	5.7	34.4	22.9
碱草(干)	内蒙古	93.4	10.3	2.2	27.2	48.8

续表

饲料名称	来源	干物质/%	粗蛋白/%	粗脂肪/%	粗纤维/%	无氮浸出物/%
芦苇(干)	内蒙古	91.8	6.9	2.7	26.7	47.3
苜蓿(干)	内蒙古	90.0	17.4	4.6	38.7	22.4
柠条(干)	内蒙古	86.4	19.1	4.6	30.4	27.3
沙打旺(干)	吉林	92.4	15.7	2.5	25.8	41.1
苏丹草(干)	辽宁	90.0	6.3	1.4	34.1	46.0
黄背草(干)	湖北	93.5	5.7	2.5	39.6	39.7
锦鸡儿(干)	内蒙古	91.3	17.3	4.5	28.1	36.6
羊草(干)	东北	91.6	7.4	3.6	29.4	46.6
野干草(干)	新疆	89.4	10.4	1.9	26.4	44.3
针茅(干)	内蒙古	89.3	12.8	4.3	26.3	41.2
冰草(鲜)	内蒙古	6.1	0.41	0.44	8.74	35
黑麦草(鲜)	吉林	11.2	0.39	0.24	10.88	105
混合牧草(鲜)	内蒙古	6.0	—	—	7.20	78
碱草(鲜)	内蒙古	4.9	—	—	9.04	37
芦苇(鲜)	内蒙古	8.2	3.07	0.33	7.24	43
苜蓿(鲜)	内蒙古	6.9	1.07	0.32	7.87	89
柠条(鲜)	内蒙古	5.0	1.79	0.57	8.03	84
沙打旺(鲜)	吉林	7.3	0.36	0.18	10.46	118
苏丹草(鲜)	辽宁	2.2	—	—	9.00	32
黄背草(鲜)	湖北	6.0	0.35	0.06	6.61	29
锦鸡儿(鲜)	内蒙古	4.8	1.22	0.65	11.92	133
羊草(鲜)	东北	4.6	0.37	0.18	8.74	37
野干草(鲜)	新疆	6.4	0.14	0.09	9.87	79
针茅(鲜)	内蒙古	4.7	0.46	0.40	7.41	64

二、常用秸秆饲料的营养成分（见表3-2）

表3-2　常用秸秆饲料的营养成分

饲料名称	来源	干物质/%	粗蛋白/%	粗脂肪/%	粗纤维/%	无氮浸出物/%
大豆秸(干)	吉林	89.7	3.2	0.5	46.7	35.6
稻草(干)	新疆	94.0	3.8	1.1	32.7	40.1
谷草(干)	黑龙江	90.7	4.5	1.2	32.6	44.2
糜草(干)	宁夏	91.7	5.2	1.2	30.2	47.5
荞麦秸(干)	内蒙古	93.6	5.6	2.7	24.0	43.0
小麦秸(干)	宁夏	91.6	2.8	1.2	40.9	41.5
莜麦秸(干)	内蒙古	84.9	4.4	3.0	28.1	33.2
玉米秸(干)	辽宁	90.0	5.9	0.9	24.9	50.2
槐叶(干)	甘肃	88.0	21.4	3.2	10.9	45.8
杨树叶(干)	内蒙古	92.6	23.5	5.2	22.8	32.8
榆树叶(干)	内蒙古	88.0	25.8	2.1	10.9	39.8
紫穗槐叶(干)	内蒙古	90.2	23.2	4.4	10.7	43.8
大豆秸(鲜)	吉林	3.7	0.61	0.03	6.86	9
稻草(鲜)	新疆	16.3	0.18	0.05	6.90	14
谷草(鲜)	黑龙江	8.2	0.34	0.03	7.32	17
糜草(鲜)	宁夏	7.6	0.25	—	7.45	20
荞麦秸(鲜)	内蒙古	18.3	0.38	0.31	7.53	25
小麦秸(鲜)	宁夏	5.2	0.26	0.03	5.73	8
莜麦秸(鲜)	内蒙古	16.2	0.11	0.16	6.36	17
玉米秸(鲜)	辽宁	8.1	—	—	8.62	21
槐叶(鲜)	甘肃	6.7	—	0.26	10.84	141
杨树叶(鲜)	内蒙古	8.3	—	—	7.03	92
榆树叶(鲜)	内蒙古	9.4	—	—	10.54	170
紫穗槐叶(鲜)	内蒙古	8.1	—	—	11.09	153

三、常用青贮饲料及其营养成分（见表 3-3）

表 3-3 常用青贮饲料及其营养成分

饲料名称	来源	干物质/%	粗蛋白/%	粗脂肪/%	粗纤维/%	无氮浸出物/%
胡萝卜青贮(干)	甘肃	23.6	2.1	0.5	4.4	10.1
苜蓿青贮(干)	青海	33.7	5.3	1.4	12.8	10.3
玉米青贮(干)	内蒙古	25.6	2.1	0.7	6.3	14.2
玉米青贮(干)	青海	23	2.8	0.4	8	9
胡萝卜青贮(鲜)	甘肃	6.5	0.25	0.03	2.72	10
苜蓿青贮(鲜)	青海	3.9	0.5	0.1	3.26	34
玉米青贮(鲜)	内蒙古	2.3	—	—	2.97	10
玉米青贮(鲜)	青海	2.8	0.18	0.05	2.22	16

四、常用谷物饲料及其营养成分（见表 3-4）

表 3-4 常用谷物饲料及其营养成分

饲料名称	来源	干物质/%	粗蛋白/%	粗脂肪/%	粗纤维/%	无氮浸出物/%
高粱(干)	辽宁	93.0	9.8	3.6	1.4	76.4
谷子(干)	四川	91.9	9.7	2.6	7.4	67.1
小麦(干)	新疆	91.8	12.1	1.8	2.4	73.2
燕麦(干)	河南	90.3	11.6	5.2	8.9	60.7
玉米(干)	东北	88.4	8.6	3.5	2.0	72.9
谷糠(干)	内蒙古	91.9	7.6	6.9	22.6	45.0
黑麦麸(干)	甘肃	91.7	8.0	2.1	19.1	57.9
小麦麸(干)	新疆	88.6	14.4	3.7	9.2	56.2
玉米糠(干)	内蒙古	87.5	9.9	3.6	9.5	61.5

续表

饲料名称	来源	粗灰分/%	钙/%	磷/%	消化能/(兆焦/千克)	可消化粗蛋白/(克/千克)
高粱(鲜)	辽宁	1.8	—	—	14.69	66
谷子(鲜)	四川	5.1	0.06	0.26	11.67	70
小麦(鲜)	新疆	2.3	—	0.36	14.73	94
燕麦(鲜)	河南	3.9	0.15	0.33	13.18	97
玉米(鲜)	东北	1.4	0.04	0.21	15.4	65
谷糠(鲜)	内蒙古	9.8	—	—	8.54	33
黑麦麸(鲜)	甘肃	4.6	0.05	0.13	9.08	46
小麦麸(鲜)	新疆	5.1	0.18	0.78	11.09	108
玉米糠(鲜)	内蒙古	3.0	0.08	0.48	11.38	56

五、常用饼粕类饲料及其营养成分（见表3-5）

表3-5 常用饼粕类饲料及其营养成分

饲料名称	来源	干物质/%	粗蛋白/%	粗脂肪/%	粗纤维/%	无氮浸出物/%
豆饼	吉林	90.0	41.8	5.4	5.1	32.5
豆粕	8省平均	92.4	47.2	1.1	5.4	32.6
胡麻饼	8省平均	92.0	33.1	7.5	9.8	34.0
棉仁饼	9省平均	92.2	33.8	6.0	15.1	31.2
向日葵饼	内蒙古	93.3	17.4	4.1	39.2	27.8
芝麻饼	9省平均	92.0	39.2	10.3	7.2	24.9

饲料名称	来源	粗灰分/%	钙/%	磷/%	消化能/(兆焦/千克)	可消化粗蛋白/(克/千克)
豆饼	吉林	5.2	0.34	0.77	15.94	355
豆粕	8省平均	6.1	0.32	0.62	15.65	401
胡麻饼	8省平均	7.6	0.58	0.77	14.48	285
棉仁饼	9省平均	6.1	0.31	0.64	13.72	267
向日葵饼	内蒙古	4.8	0.40	0.94	7.03	141
芝麻饼	9省平均	10.4	2.24	1.19	14.69	357

第三节　饲料配制所需要的资料

一、羊的饲养标准

动物的饲养标准又称为动物的营养需要，它是按动物的种类、性别、年龄、体重、生理状态和生产性能等情况，应用科学研究成果及结合生产实践经验所规定的一头动物应供给的能量和各种营养物质的数量，这种规定的标准称为饲养标准。目前，在畜牧生产技术水平较高的国家，均已制定了适于本国生产条件的各类动物饲养标准，并且每隔几年修订一次使之不断趋于完善。我国近些年来也已制定了猪、鸡和牛等不同动物种类的饲养标准。

配制羊饲料时应针对羊的不同品种和不同生理阶段的营养需要进行科学配制，选择适当的推荐标准。可参照美国国家研究委员会（NRC）标准、法国营养平衡委员会（AEC）标准等或国内饲养标准，并根据本地区具体情况进行适当调整。指标中至少要考虑干物质采食量、代谢能或净能、粗蛋白质、粗纤维、钙、磷、食盐、微量元素（铁、铜、锰、锌、硒、碘、钴等）和维生素（维生素A、维生素D、维生素E等）等指标。配方设计中，各指标优先考虑的顺序为：粗纤维＞能量＞粗蛋白＞常量矿物元素＞微量元素和维生素。

实践证明，根据饲养标准所规定的营养物质供给量饲喂动物，将有利于提高饲料的利用效果及畜牧生产的经济效益。值得注意的是，根据试验研究测定与生产实践总结所制定的饲养标准虽有一定的代表性，但由于试验动物选择及试验条件的限制等情况，饲养标准也只是相对的合理，不应机械地搬用。因此，设计饲料配方时，应根据所掌握的有关饲料资料及动物的具体情况等，在必要时，对饲养标准所列数值可作相应的变动，以充分满足动物的营养需要，更好地发挥其生产性能及提高饲料的利用效率。

二、羊的消化生理

饲料的体积尽量和羊的消化生理特点相适应。通常情况下，若饲料体积过大，则能量浓度降低，不仅会导致消化道负担过重，进而影响动物对饲料的消化，而且会稀释养分，使养分浓度不足。反之，饲料的体积过小，即使能满足养分的需要，但动物达不到饱感而处于不安状态，影响动物的生产性能和饲料利用效率。配制日粮不仅要考虑日粮养分是否能满足羊的营养需要，而且还要考虑日粮的容积是否已满足羊的需要，它是保证羊正常消化的物质基础。

三、饲料原料

1. 饲料的种类和来源

在设计饲料配方时，应查阅适用于羊的饲料种类，尽量选择适口性好、来源广、营养丰富、价格便宜、质量可靠的饲料原料。要在同类饲料中选择当地资源最多、产量高且价格最低的饲料原料，且要满足营养价值的需要。此外要特别充分利用当地农副产品，以降低饲料费用和生产成本。在许多情况下，当地优质价廉饲料的种类是有限的，所以应根据动物的营养需要，从原料的实际情况出发，合理选用各种饲料。离开饲料资源现状而设计的饲料配方是没有实用价值的。同时，还需选用适宜类型的添加剂。饲料添加剂是配合饲料的核心，要选择安全、有效、低毒、无残留的添加剂，利用新型饲料添加剂如酶制剂、瘤胃代谢调控剂（如缓冲剂）、中草药添加剂、微生态制剂等。动物处于环境应激的情况下，除了调整大量养分含量外，还要注意添加防止应激的其他成分。另外，饲料添加剂的使用要注意营养性添加剂的特性，添加氨基酸、脂肪、淀粉时要注意保护，免受瘤胃微生物的破坏。

2. 饲料成分及营养价值表

饲料成分及营养价值表是通过对各种饲料的常规成分如粗蛋白质、脂肪、矿物质和维生素等进行分析化验，经过计算、统计，并在动物饲喂试验的基础上，对饲料营养价值进行评定之后而综合制定的。它客观地反映了各种饲料的营养成分和营养价值，对合理利用饲料资源、提高动物的生产效率、降低畜牧生产成本有着重要的作用。

3. 饲料的价格

在满足动物营养需要的前提下，应选择质优价廉的饲料以降低成本。就特定的使用目的而言，从饲料的价格考虑，不论对何种动物均存在着某些饲料较其他饲料更为适宜的情况。例如，鱼粉等动物性蛋白质饲料多用于猪和禽的日粮，而用于反刍动物则价格偏高。

此外，还应考虑饲料是否需要加工，以及加工后对于饲料营养物质的利用有无不良影响等问题。如果需要加工，应以成本较低的加工方式为宜。

四、日粮类型和预期采食量

1. 日粮类型

在很大程度上日粮类型与其组成和养分的含量有关，即所设计的饲料配方是全价饲料，还是与粗饲料共同用于肥育目的的谷类籽实混合饲料，或者是为了补充蛋白质、矿物质及维生素等的平衡用混合料。如果是全价饲料，它是用于限制饲喂还是自由采食，若为草食动物如反刍动物配合日粮时，则一般把粗饲料看作是基础饲料，在此基础上决定补加其他养分。有时也可将粗饲料仅仅是作为稀释物质使用，以控制采食量或使日粮具有所需要的物理结构。

2. 预期饲料采食量

设计饲料配方时，应考虑使动物能够食入所需要的数量，这是因为日粮中各种养分所需浓度取决于此种日粮的采食量。日粮各组分的含量、某些养分缺乏和适口性差的原料都会影响采食量，日粮的能量浓度对饲料采食量也有极大的影响。

五、配方的基本要求

饲料原料的成本在饲料企业生产及畜牧业生产中均占有很大比重。因此，在设计饲料配方时，应注意达到高效益、低成本。一般要求饲料成本以不超过畜牧生产总成本的70%为宜，主要的要求如下。

1. 饲料原料的选用

应注意因地制宜和因时制宜地充分利用当地的饲料资源，尽量少从外地购买饲料，既避免了远途运输的麻烦，又可降低配合饲料生产的成本。

2. 饲料原料的搭配

配制饲料时应尽量选用营养价值较高而价格低廉的饲料。多种原料的搭配，可使各种饲料之间的营养物质互相补充，以提高饲料的利用效率。因此，可利用几种价格便宜的原料进行合理搭配，以代替价格高的原料。生产实践中，常采用禾本科籽实与饼类饲料搭配，以及饼类饲料与动物性蛋白质饲料搭配等，均收到较好的效果。

3. 减少花费

减少不必要的花费。例如，合理地调整饲料加工工艺程序和节省动力的消耗等，均可降低成本。

第四节　配合饲料的生产与加工

配合饲料可保证羊营养均衡、全价，直接降低成本，获得较高的经济效益。目前在养牛生产中正在推广应用全混合日粮（TMR）技术，就是一种将粗料、精料、矿物质、维生素和其他添加剂充分混合，能够提供足够的营养以满足动物需要的饲养技术。但养羊业则应用较少，有待进一步推广。配合饲料生产的程序是：首先设计饲料配方，然后根据饲料配方组织合格的原料，根据原料的基本特性进行粉碎、混合、装袋等一系列加工工艺，生产出合格的各种饲料。因此，饲料配方制定好后，饲料加工工艺是饲料生产的关键。饲料加工工艺的主要环节有：饲料原料的粉碎、原料粉碎后的混合以及为提高饲料质量的膨化技术和制粒技术。

配合饲料的生产一般分为先配合后粉碎和先粉碎后配合两种加工工艺。

（1）先配合后粉碎的加工工艺　就是先将各种需要粉碎的原料、辅料，如能量粒料和饼粕饲料，按饲料配方要求比例计量，在一起稍加混合后，送入粉碎机粉碎，然后，在粉碎后的混合料中，再按配方比例加入其他不需要粉碎的粉状副料和添加剂预混合饲料，再经混合机充分混合均匀，成为粉状配合饲料。先配合后粉碎的加工工艺的优点是：原料仓就是配料仓，对原料品种变化适应性强，节省了贮料仓的数量和贮量；工艺流程比较简单。缺点是：各种原料因粗细、粒度、容重、硬度等特性不同，影响设备效率和均匀度；此外，此种方法装机容量高，能耗也高。一般比较适合于原料品种多或生产颗粒饲料时采用。

（2）先粉碎后配合的加工工艺　就是先将不同原料经初清、磁选后分别粉碎，然后进入配料仓。不需要粉碎的物料按配方比例称重，送入混合机混合而成。先粉碎后配合加工工艺的优点是：因粉碎单一品种物料，可按原料特性，使粉碎机达到最高工作效率和最佳粉碎效果；减少电耗和设备磨损，提高产量，降低成本；饲料配比准确，混合均匀。缺点是：每一种原料都需要配料仓，需要较多的配料仓，生产工艺较复杂，建设投资较大；原料品种增加时容易受料仓数的限制。本文将重点介绍饲料加工生产中的加工工艺。

一、原料清理

饲料原料在贮运过程中，可能混入非铁磁杂质，如石块、泥土、麻绳及沙砾等及铁磁杂质，如螺母、铁钉等金属杂物。杂质将降低饲料产品质量，影响畜禽生长及健康。有时还会损坏加工设备，妨碍设备的正常运转，甚至危害人身安全。因此在加工前要予以清除。在饲料工厂中，一般用初清机清除非铁磁杂质，常用的设备有圆筒初清筛、鼠笼式初清筛、网带式初清筛和圆锥初清筛；用磁选器清除铁磁杂质，常用设备有永磁筒磁选器、永磁滚筒磁选机、溜管磁选器等。

二、原料粉碎

1. 粉碎的目的

粉碎是配合饲料生产中最重要的一个基本环节。粉碎质量不仅影响配合饲料感观质量，而且影响其适口性、饲喂效果等。其主要作用和目的如下。

① 促进消化。粉碎操作破坏了皮对谷物的保护，增大了饲料的表面积，增加了饲料与消化酶接触的机会，从而提高了饲料养分的消化率。

② 方便采食。许多饲料原料尺寸较大，不便于动物采食，须经适当粉碎后才便于动物摄入。

③ 利于混合。各种饲料原料只有粉碎到一定的粒度，达到足够的颗粒数，才能混合均匀。

④ 便于制粒。粉碎使颗粒饲料的制作便于进行，从而提高了制粒的效率与质量。

⑤ 饲料原料粉碎后有利于后续工作如输送、计量配料等顺利进行。

2. 粉碎与筛分

粉碎是一种缩小颗粒尺寸的方法。饲料粉碎属于固体粉碎，固体粉碎是利用机械力使固体物料破碎成为大小适合要求的颗粒或小块的操作。

饲料经粉碎后的料堆属于粉粒体。粉粒体是固体小颗粒的集合体，包括粉体和粒体。粉粒体具有不规则性、不连续性和多种物理化学性质。粉体与粒体很难严格区别，一般把粒径在0.2～5厘米之间称为粒体；把粒径在1微米～0.2厘米之间的称为粉体；5厘米以上的叫做"块"；1微米以下的列入胶态范畴。粉粒体的基本物理性质一般要考虑散落性、内摩擦角、孔隙度、颗粒密度、颗粒形状、自动分级、粒度分布及对仓柜的压力等。

筛分是将大小不同的固体颗粒混合物通过筛分器分离为若干部分的操作。筛分后的每一部分的颗粒大小都较原先均匀。筛分是饲料粉碎工艺的基本工序之一，也是衡量粉碎程度的基本手段。

3. 对饲料粉碎机械的要求

① 单位产量的动力消耗低，单位动力消耗产量大。
② 粉碎成品粒度均匀，不产生高热。
③ 粉碎粒度调节方便，粉碎原料适应性广。
④ 零件特别是易损件供应方便，易于更换。
⑤ 价格低廉，易损件质量高且价格低。
⑥ 使用安全性高，有吸铁等安全措施。
⑦ 作业时噪声小，粉尘少。
⑧ 饲料在粉碎机内残留少或无残留。

4. 饲料粉碎设备

目前，常用的饲料粉碎设备有：锤片式粉碎机、辊式粉碎机、爪式粉碎机、特种粉碎机等。

（1）锤片式粉碎机　对含油脂较高的饼粕、含纤维多的果谷壳及秸秆、含蛋白高的原料、含水量较高的谷物都能粉碎，适应性较强。工作原理是物料经入料口进入粉碎室，被高速运动着的锤片撞击而破碎，同时被粉碎物也得到较高的速度，直撞粉碎室壁的上齿板，再次破碎并反射回来，反射回来的物料又被锤片多次高速撞击而被粉碎。在风机的作用下，小于筛孔的颗粒和粉末很快过筛，并沿着管路被送到旋风分离器或沉淀室内。锤片式粉碎机具有结构简单、适应性强、生产率高和使用安全等优点。

（2）辊式粉碎机　主要工作部件是一对以不同速度作相对旋转的圆

柱体磨辊，物料在两辊之间受到锯切、研磨而粉碎。粉碎的程度可据需要而调节。辊式粉碎机具有生产效率高、功耗低、调节方便、加工过程中物料升温低等优点。

（3）爪式粉碎机　主要用于粉碎玉米、大豆、高粱等各种粮食，也可以加工豆饼、地瓜蔓、花生蔓、花生皮等多种饲料，还可以粉碎鲜地瓜、鲜水果、花生米等各种原料，其特点是工作转速高、产品粒度细、对加工物料的适应性较广、机体体积小、重量轻，但功耗较大，噪声高。

（4）特种粉碎机　是指粉碎某种特殊物料，或满足某种比较特殊的工艺要求，或具有比较特殊的结构或粉碎原理的粉碎机，如贝壳粉碎机、超微粉碎机、矿物盐粉碎机或无筛粉碎机。

三、饲料配料计量

配料是确保配合饲料质量的关键生产环节。为了保证配料计量达到预期的效果，计量装置应具有准确性、灵敏性、稳定性和不变性。在生产中，规定计量装置的准确程度是用其称量差数与其最大称量之比的百分数来表示。所计量的某种物料在配合饲料中所占比重不同，则要求计量精度也不同。如所计量的成分约占配合饲料的30%时，则误差不得超过±1.5%；占10%～30%时，误差不得超过±1.0%；所占份额小于10%时，误差不得超过±0.5%；计量补充饲料时为±0.1%；计量微量元素时则为±0.01%。按照工作原理，饲料配料计量分为容积式和重量式两种。

（1）容积式计量装置　是按照容积的大小进行连续或分批配料计量的。常用的容积式计量装置有箱式、带式、转盘式、电磁振动式、拨轮式和螺旋式等。这类计量装置的特点是结构简单、造价低、操作维护方便，有利于生产过程的连续性。但它受到物料种类、容重、颗粒大小、流动性、料仓的结构形式、料仓的充满程度的变化等诸因素的影响，致使其计量误差较大。

（2）重量式计量装置　是按照物料的重量进行分批或连续地配料计量的。这类计量装置的特点是对不同物料具有很好的适应性，精度高，便于自动化控制。但其结构复杂，造价高，对工作的技术水平要求高。

四、物料输送

输送设备是现代化饲料工业不可缺少的重要机械设备，正确选用输送设备，对确保流程畅通，减少损失和粉尘，具有重要的意义。目前在饲料工业使用较普遍的输送设备有铰带输送机、斗式提升机、螺旋输送机、刮板输送机、气力输送设备和电动提斗等。

（1）铰带输送机　具有较低的成本、平稳而可靠地在水平及倾斜路径上远程输送物料等特点，主要用于原料卸料、散装饲料运至待加工的贮存区以及成品饲料送到仓库前的输送。

（2）斗式提升机　是最常见的一种垂直输送设备，是颗粒料与粉状料最有效的提升方式。斗式提升机具有能按垂直方向输送物料、占地面积小、适应性强等优点，但其受输送物料的种类的限制，只适用于散粒物料和碎块物料，此外，斗式提升机过载敏感性大，必须均匀喂料，以防堵塞。

（3）螺旋输送机　是一种利用螺旋叶片的旋转推动散粒物料沿料槽运动的输送设备。它可以做水平、倾斜和短距离的垂直输送。适宜输送粉料、颗粒料和小块物料，不宜输送大块的磨损性很强、易破碎或易粘结成块的物料。

（4）刮板输送机　除可以进行水平输送外，还可以小倾角的倾斜输送。适合高速和长距离输送颗粒均匀的块状、粒状和粉状物料。

（5）气力输送装置根据设备组合情况不同，分为吸送式、压送式和混合式三种。

① 吸送式气力输送装置的特点是：空气在负压状态下工作，物料和灰尘不会飞扬外逸；供料简单，可从几处向一处集中输送；适用于堆积面广或存放在深处、低处的物料输送；对卸料器、除尘器的严密性要求高；输送量、输送距离受到限制，动力消耗高于压送式。

② 压送式气力输送装置的特点是：适合于长距离大流量的输送；卸料器结构简单，可同时把物料输送到几处；能防止杂质进入系统；空气在正压状态下工作，容易造成粉尘外扬，因此，尽管动力消耗较吸送式低，它的应用仍受到限制。

③ 混合式气力输送装置的特点是：由吸送式和压送式联合组成的，风机在输送管道的中间，兼有吸送式和压送式的优点，可从几处吸入物

料而压送到较远地方卸出。但它的结构比较复杂,工作条件较差。

五、配料与混合

饲料混合的主要目的是将按配方配合的各种原料组分混合均匀,使动物采食到符合配方要求的各组分分配均衡的饲料。它是确保配合饲料质量和提高饲料报酬的重要环节。

1. 混合机理

根据混合机的形式、操作条件及粒子的物性等,混合机的混合机理主要分以下5种混合方式。

(1) 体积混合 又称对流混合、移动混合。许多成团的物料在混合过程中从一处移向另一处,相互之间形成相对流动,使物料产生混合作用。

(2) 扩散混合 混合物料的颗粒,以单个粒子为单元向四周移动,类似分子扩散过程,特别是微粒物料,在振动下或流化状态下,其扩散作用极为明显。

(3) 剪断混合 又称剪切混合,指粒子间根据相互滑动、旋转及冲撞等产生的局部移动,使物料彼此形成剪切面,产生混合作用。

(4) 冲击混合 当物料与机件壁壳碰击时,往往造成单个物料颗粒的分散,称为冲击混合。

(5) 粉碎混合 粉碎物料之间的相互作用,形成变形或搓碎结果,称为粉碎混合。

以上5种混合方式在同一混合过程中同时存在,单独发生的情况是没有的,但起主要作用的是前3种。对于不同结构形式的混合机来说,各种混合方式所起的作用程度不同。如用于微量成分预混合的旋转滚筒式混合机和V型混合机,以扩散混合为主体;螺带式混合机和行星式混合机,体积混合占支配地位;再有,蜜糖混合机和快速混合机等以剪断混合为主。

2. 混合工艺

混合工艺可分为分批混合和连续混合两种。

(1) 分批混合 就是将各种混合组分根据配方的比例配合在一起,并将它们送入周期性工作的"批量混合机",分批地进行混合。混合一个周期,即生产出一批混合好的饲料。这就是分批混合工艺。这种混合方式改换配方比较方便，每批之间的相互混杂较少，是目前普遍应用的一种混合工艺。这种混合工艺的称量给料设备启闭操作比较频繁，因此大多采用自动程序控制。

（2）连续混合　是将各种饲料组分同时分别地连续计量，并按比例配合成一股含有各种组分的料流，当这股料流进入连续混合机后，则连续混合而成一股均匀的料流。这种工艺的优点是可以连续地进行，容易与粉碎及制料等连续操作的工序相衔接，生产时不需要频繁地操作。但是在换配方时，流量的调节比较麻烦，而且在连续输送和连续混合设备中的物料残留较多，所以两批饲料之间互混问题比较严重。随着添加微量元素及饲料品种增多，连续配料、连续混合工艺的配合饲料厂日趋少见。一般均以自动化程序不同的批量混合进行生产。

3. 混合机的合理使用

（1）适宜的装料状况　不论哪种类型的混合机，适宜的装满系数，是混合机正常工作，并且得到预期混合效果的前提条件。常用混合机都规定了适宜的装满系数，可以在生产中参照使用。

（2）混合时间　最佳混合时间是指达到最高混合均匀度（变异系数最小），所需要的最短混合时间。由于一台混合机达到最高混合均匀度需要的时间，因原料的粒度等物理性质不同而不同。为了准确地掌握最佳混合时间，提高生产效率，最好结合本厂的原料条件，在生产条件下做最佳搅拌时间的测定。最佳搅拌时间与所加入的被混合的物料的数量也有关系。在预混合饲料的生产过程中，往往加入含量很微的成分，所需的搅拌时间往往也较生产完全配合饲料的搅拌时间长一些。对于同一搅拌机，使用浓度高一些（例如占饲料总量的0.5%）的预混饲料所需的搅拌时间，比之使用浓度低一些（例如占饲料总量的2.5%）的预混饲料所需的搅拌时间，可能会长一些。当然，搅拌机本身的性能也是决定最佳搅拌时间的一个重要因素。

搅拌机在使用一段时间以后，其混合均匀度和最佳搅拌时间都有可能由于工作部件的变形和损坏而改变。建议每隔一段生产时间，例如半年或3个月，检测1次以便及时发现问题，进行必要的维修和调整。

（3）操作顺序　饲料中含量较少的各种维生素、药剂等添加剂或浓缩剂均需在进入混合机之前用载体事先稀释，做成预混合物，然后才能和其他物料一起进入混合机。

在加料的顺序上,一般是配比量大的组分先加入混合机内,将少量及微量组分置于物料上面。在各种物料中,粒度大的一般先加入混合机,而粒度小的则后加。物料的容重亦会有差异,当有较大差异时,一般先加容重小的物料,后加容重大的物料。

(4) 尽量避免分离　固体颗粒的混合物有动态特性,即使物料在仓内或袋内明显地处于静止状态时,物料的颗粒仍在不断地相对运动着。任何有流动性的粉末都有分离的趋势。为了避免分离,要注意以下几个方面。

① 力求混合物的各种组分的粒度相同,亦可用添加液体(脂肪或糖蜜)的方法避免分离。

② 把混合后的装卸工作减少到最小程度,物料下落、滚动或滑动越小越好,混合后储仓应尽可能地小一点,混合后的运输设备最好是皮带运输,尽可能不要用气力输送。

③ 混合后立即压制颗粒,使混合物成粒状。

六、颗粒饲料加工

颗粒料密度大、体积小、便于运输和贮存、适口性好,动物采食量高,可避免挑食,减少浪费,提高了饲料的利用率,保证了饲料的全价性,并且制粒过程破坏了饲料中的有毒有害成分,起到杀毒杀菌的作用。随着养羊集约化和规模化的发展,颗粒料也必将得到普遍应用。目前,此料形主要用于肥育羔羊的生产。

1. 颗粒饲料的形成

(1) 制粒的定义　广义地讲制粒有两种。一是粒度增大,即通过凝聚、附着、涂层等使粉体结合而增大;二是粒度减小,即通过分散、喷射、破碎材料的组分而制粒。所谓制粒就是从粉体、块状物、溶液或溶解液状的原料,加工形成形状和大小大致均匀的颗粒的操作。

(2) 制粒的分类　由于制粒时所要达到的目的不同,其制作方法也千差万别。根据加压装置的有无,制粒可分为自足制粒和强制制粒。所谓自足制粒是指物体在某些媒介物的作用下,粒子自己去凝聚制粒。所谓强制制粒是指物体经过压缩、挤出破碎、喷射等手段,借助于机械外力而制粒。饲料工业的制粒全部属于强制制粒。

(3) 制粒方法

挤压制粒：即用螺旋、活塞或滚轧等挤出装置，使物料从模孔中挤出而制粒。

破碎制粒：即将粉体凝聚物用旋转刀片切断或用破碎机进行破碎而制粒。

凝聚制粒：即使物料滚动或呈流动层状态，利用投入的胶结剂或者靠自身的凝聚力，逐渐凝聚成粒。

压缩制粒：即利用冲孔机与模型将干粉物料压缩成形而制粒。

喷射制粒：即往空气中、油中或水中喷射分散消融物质并使之冷却固化而制粒。

在饲料工业中，用得较多的是挤压制粒和破碎制粒。

2. 颗粒饲料的制粒工艺

在颗粒饲料的制作过程中，需要的设备较多，其工艺也较为复杂，主要分为制粒工艺、冷却工艺、破碎工艺、筛分工艺等。

（1）制粒工艺流程

制粒工艺流程归纳起来有3种形式。

① 直流式工艺流程　此流程颗粒不需提升，但楼房高度须增加，至少有5层高。这种工艺流程比较简单，适用于单一原料制粒。物料经料斗进入制粒机，从制粒机出来的高温、高湿的颗粒料直接进入冷却器中冷却，冷却后的颗粒料流入料仓，即称重打包。

② 提升机输送工艺流程　此流程颗粒需要提升机提升，仅仅冷却采用吸风装置。这是饲料厂常用的一种工艺流程。此流程的特点是厂房无需太高，设备紧凑，制粒效果好、产量高。

配合好的粉状饲料被送入斗，经料斗进入制粒机制粒。物料从制粒机出来后进入提升机，经提升机进入冷却器冷却，此时低压风机开启，将颗粒饲料中的水分、湿度带走。冷却好的颗粒进入破碎机破碎后，经分离筛筛分，其中合格颗粒进入料包称重打包，不合格的物料被送入制粒机重新制粒。

③ 气力输送工艺流程　此流程采用高压风机进行气力输送。在输送过程中物料经制粒机压制出来后进入冷却器冷却。冷却好的物料进入破碎机破碎，此时高压风机开启，破碎后的物料全部被高压风机吸入离心卸料器，通过离心卸料器进入分级筛。合格的颗粒料被称重打包，不合格的颗粒料再进入制粒机重新制粒。

（2）制粒工艺

制粒工艺是颗粒生产的中心环节，它直接影响到颗粒饲料的质量和产量。其主要工艺包括以下几点。

① 调质工艺　调质是制粒过程中最重要的环节，调质的好坏直接决定着颗粒饲料的质量。调质目的是把即将配合好的干粉料调质成为具有一定水分、一定温度、利于制粒的粉状饲料。目前，我国饲料厂都是通过加入蒸汽来完成调质过程。

调质包括蒸汽供给调节系统和调质系统。蒸汽供给是由锅炉来完成的。常用的蒸汽锅炉有燃煤锅炉和燃油锅炉两种。燃煤锅炉操作复杂，污染严重，能量损耗大。而燃油锅炉操作简单，能量利用率高，污染小，目前被普遍采用。蒸汽供给量可按产量的5%确定。锅炉工作压力应当维持在0.55~0.69兆帕。从锅炉出来的蒸汽通过蒸汽管进入调制器。

② 环模制粒机制粒工艺　制粒机工作时粉料先进入喂料器。喂料器内设有控制装置，控制着进入调制器的粉料量和均匀性，其供料量随着制粒机的负荷进行调节，若负荷较小，就加大喂料器转速；若负荷较大，就减少喂料器转速。喂料器调速范围一般在0~150转/分钟。粉料由喂料器进入调制器，在调制器内粉料与蒸汽相结合。此时通入调制器的蒸汽量要根据粉料的物性、粉料喂入量来确定。同时，在调制器内粉料也可能与油脂、糖蜜等其他添加剂相混合。经过一段时间的调质后，调质均匀的物料先通过永磁筒去杂，然后被均匀地分布在压辊和压模之间，这样物料由供料区进入挤压区，被压辊嵌入模孔连续挤压成型，形成柱状饲料，随压模回转，被固定在模外面的切刀切成颗粒状饲料。

③ 平模制粒机制粒工艺　制粒机工作时，物料由进料斗进入喂料螺旋。喂料螺旋由无级变速器控制其转速来调节喂料量，保证主电机的工作电流在额定负荷下工作。物料经喂料螺旋进入搅拌器，在此加入适当比例的蒸汽充分混合。混合后的物料进入制粒系统，位于压粒系统上部的旋转分料器均匀地把物料撒于压模表面，然后由旋转的压辊将物料压入模孔并从底部压出。经模孔出来的棒状饲料由旋转刀片切成要求的长度，最后通过出料圆盘以切线方向排出机外。用于肉羊育肥的颗粒饲料多采用这种工艺，相对而言，工艺简单，便于操作。

从压粒机压出的颗粒饲料，达不到要求的产品，需要冷却降温去水或破碎和筛分，重新制粒。

七、打包

饲料自料仓出来后，将饲料按定额进行称量，通过手控或自动放料使饲料落入灌装装置所夹持的饲料袋内，然后松开夹袋器，装满饲料的饲料包通过传送带送至缝包机缝包，随即由传送带输送入成品库。

八、除尘

饲料加工厂的原料中灰杂甚多，大部分副料、所有中间仓原料和混合后的粉料，在其搬运、输送、初选、粉碎、计量、混合和包装等生产过程中，不可避免地造成大量粉尘，如果任其在空中飞扬，不仅影响光照，给操作造成困难，而且还污染空气，严重损害工人身体健康；同时，灰尘给生产设备带来不良影响，会加速机械磨损，破坏电器设备绝缘或阻碍散热；如将灰尘排至厂房外，会污染厂区周围的大气，影响环境卫生。为了降低饲料加工厂的含尘浓度，达到环保规定的要求标准，免除和降低粉尘的危害，必须采用除尘、防尘设备和措施。饲料工厂的除尘，应以"密闭为主，吸尘为辅"的原则。最有效的方法是在粉尘产生的地点直接把它收集起来，经除尘器净化后排至室外，主要由吸风（尘）装置、风管、除尘器和通风机等组成。目前应用最广泛的除尘器是离心除尘器和袋式除尘器。

第四章 肉羊舍饲育肥的饲料配制技术

第一节 羔羊早期断奶和育肥技术

一、羔羊早期断奶的目的和依据

常规情况下,羔羊断奶往往在3~4月龄完成,而4月龄之前也是羔羊生长速度最快的一段时期,为了充分利用这段时间内羔羊的生长潜能,必须实施早期断奶。早期断奶是指将羔羊常规哺乳时间缩短到40~60天,这样就可以在断奶后对其进行强度育肥,使羔羊在短时间内快速生长。另外,早期断奶也可以使母羊尽快恢复体况,使母羊早发情、早配种,提高母羊的繁殖率。

羔羊能否断奶,取决于其是否能够独立生活以及从饲草中获得营养。初生3周龄的羔羊,尚无反刍功能,3~8周龄是一段过渡期,在这之后羔羊就进入了反刍阶段,因此3周龄前的羔羊只能以母乳为营养来源,3周龄后才能逐渐适应植物性饲料,8周龄后羔羊瘤胃实现了完全发育,能够采食和消化植物性饲料。根据以上理论,羔羊在8周龄实现早期断奶较为合理,但也有试验证明,羔羊在40天左右断奶也不会对其生长发育产生影响,效果与3~4月龄断奶差异不显著。各个国家实现早期断奶的途径不尽相同,有的国家在羔羊出生1周后即使其断奶,然后用代乳料人工哺乳;有的国家则在45~50天断奶,开始饲喂优质植物饲料。

二、羔羊早期断奶的技术要点

羔羊断奶时间要根据其月龄、体重、补饲条件以及生产需要等诸多因素综合考虑。我国传统的羔羊断奶时间为4月龄左右,断奶方式多采用一次性断奶,只把母羊移走,而羔羊仍留在原舍,这样就可以防止母仔相互呼叫，影响休息和采食，这样在 4～5 天后，羔羊就能适应并安心进食饲草。断奶后的羔羊应立刻按品种、性别和发育状况分群，转入育成羊阶段，同时对少数乳汁分泌过多的母羊实行人工排乳，以防止引起乳房炎。

1. 早期断奶时间的选择

早期断奶实际上是通过控制哺乳期，缩短母羊产羔期间隔和控制繁殖周期，提高母羊繁殖力。对于羔羊而言，必须让其吃到母乳后再断奶，否则会影响羔羊的健康和生长发育；对于母羊而言，其产后 3 周泌乳达到最高峰，然后逐渐下降，羔羊到 7～8 周龄，母乳已远远不能满足其营养需要，此时用于合成乳汁的饲料消耗也会大增，也就提高了饲养成本。另外，如果哺乳时间过长，训练羔羊断奶后吃代乳料就会很困难，同时也不利于母羊干奶，容易得乳房炎。

早期断奶的时间目前有两种：出生后一周断奶；出生后 40 天断奶。无论采取哪种方式，都必须使初生羔羊哺食 1～2 天的初乳，这是因为初乳不仅营养丰富，更重要的是初乳中含有多种免疫抗体、抗毒素，是羔羊无法从饲料中获得的，如果羔羊没有及时吃到初乳，则其死亡率将大大上升。

（1）一周龄断奶法　该法是指羔羊出生一周后即断奶，用代乳料进行人工哺乳，具体方法是：将代乳料加水 4 倍稀释，日喂 4 次，为期 3 周，或至羔羊活重达 5 千克时断奶，断奶后再喂给含蛋白质 8% 的颗粒饲料，同时自由采食干草或青草。目前通用的代乳料配方为：脂肪 30%～32%，乳蛋白 22%～24%，乳糖 22%～25%，纤维素 1%，矿物质 5%～10%，维生素和抗生素 5%。另外，必须给羔羊提供良好的舍饲条件，以减少羔羊的死亡率。

（2）40 天断奶法　该法是指羔羊出生 40 天后断奶，之后完全饲喂草料并放牧。该法可靠性依据主要有两点：一是从母羊泌乳规律来看，产后 3 周达到高峰期，而 9～12 周后急剧下降，但此时羊乳汁只能满足羔羊营养需要的 5%～10%，而用于合成乳汁的饲料消耗却会大增；二是从羔羊的消化机能来看，出生后 7 周龄的羔羊已经能够有效地利用草料。以此为据，在澳大利亚、新西兰等国家大多推行 6～10 周龄断奶，并在人工草地上放牧。我国新疆畜牧科学院采用新法育肥 7.5 周龄断奶羔羊，平均日增重 280 克，饲料转化效率为 3∶1，取得了较好的效果。

之所以选择40天后断奶,也是考虑到羔羊胃容量与其活重之间存在着显著相关,因此确定断奶时间时,必须要考虑羔羊体重,如果羔羊体重过小,断奶后其生长发育会受到影响。国外多采用羔羊活重增至初生重的两倍半或达到11~12千克时断奶。我国有专家建议,半细毛改良羊公羔体重达15千克以上、母羔达12千克以上,山羊羔体重达9千克以上时断奶比较适宜。

(3) 国外羔羊的断奶时间　新西兰大多数羊场都将羔羊在4~6周龄进行断奶,然后转入肥育场,快速育肥之后,4月龄出栏,获得12~15千克的胴体;澳大利亚大多数地区采用6~10周龄断奶的办法,在干旱时期牧草缺乏时,羔羊在4周龄便断奶;保加利亚在羔羊出生后25~30天就断奶。

另外,国外有人认为不能把羔羊年龄作为断奶的唯一因素。因为羔羊年龄、胃容量和其体重密切相关,所以早期断奶还应考虑到羔羊的体重。法国认为羔羊活重比初生重大2倍时断奶为宜,英国认为只要羔羊活重达到11~12千克就可以断奶,而且在英国,羔羊吃到初乳以后便将母仔分开,采用代乳料饲喂羔羊,喂奶期约为3周,或至羔羊体重达到15千克时断奶,喂给含蛋白质18%的颗粒饲料,自由采食干草或青草。这种断奶方法在许多国家使用,尤其在喝绵羊奶的国家很受欢迎。在加拿大,推荐羔羊在60日龄或20千克活重时断奶,两项指标中达到一项即可。

为了保障早期断奶的成功,关键在于从羔羊能采食起就开始补饲固体饲料,促进瘤胃发育。羔羊每天能采食不少于200克的固体饲料是保障其早期断奶成功的关键。所以一般要选用适口性好的饲料来饲喂,包括豆饼、苜蓿干草、苜蓿颗粒、玉米以及苜蓿、豆饼和糖蜜制成的颗粒饲料等。6周龄以前的羔羊饲喂玉米,以粉碎、碾压过的为宜,日粮的蛋白质含量为14%~16%。

2. 早期断奶的操作要点

(1) 及早训练羔羊开食　羔羊一般出生7天后便会有嗅闻饲料的行为,此时如果给羔羊一些炒熟的带香味或较嫩的牧草,羔羊就会采食,虽然采食量很少,但是却能够有效地锻炼羔羊瘤胃机能,促进其瘤胃发育,从而增加消化精粗固体颗粒饲料的能力。羔羊出生20天左右,平均每天能采食精饲料在50克以上,粗饲料在100克以上。采食饲料的羔羊比单纯吃母乳的羔羊生长速度明显加快。在训练羔羊开食方面，如果在夏秋季节，可以喂给羔羊一些比较柔软干净的牧草；在冬春季节，可以喂一些炒熟的黄豆或玉米渣，喂量不要太多，以免饲料浪费和羔羊消化不良，以后喂量根据情况由少到多，每天饲喂次数以 4～6 次为宜。

（2）逐渐增加羔羊放牧时间　对羔羊进行放牧管理，不仅可以训练羔羊早食，而且还可增强羔羊的体质，提高其抵抗疾病的能力。同时，由于对羔羊进行放牧管理，可以逐渐延长羔羊与分娩母羊互相分离的时间，从而使羔羊逐渐适应独立生活的环境，避免由于突然断奶分群对羔羊造成明显的应激反应。

（3）合理分群及防疫　按照性别、体重和强弱对断奶后羔羊进行分群饲养管理，这样可以做到同一圈舍的羔羊饲喂相同的日粮，便于对分群的羔羊进行管理，防止公母羊混群乱配。在分群前的 10～15 天，要注射三联四防疫苗、传染性胸膜肺炎疫苗等，同时要进行体内外驱虫工作，防止在分群后由于环境的改变造成羔羊应激反应、抵抗力下降而使疫病发生。

三、代乳粉在羔羊早期断奶中的应用

对于新生羔羊来说，母羊乳是最理想的营养来源，初乳和常乳既能满足新生羔羊的营养需要，同时使羔羊及早完善本身的免疫系统，又能在味觉和体液类型方面与羔羊相吻合。但是在生产实践中，母羊乳会因母羊的健康和疾病受到影响，更重要的是母羊泌乳量不足影响了羔羊的生长和发育。为此，营养学家们开展了一系列的研究，研制出能够代替母羊乳的产品，羔羊代乳料对于优良种羊的快速繁殖和对优良后备种羊的培育、对于母羊一产多胎和体弱母羊增加羔羊的成活率都有重大的意义。

1. 早期断奶羔羊饲喂代乳粉作用

（1）显著提高羔羊成活率　我国每年新生羔羊数量达到 1 亿只以上，初步估计死亡羔羊在 1000 万只以上，特别是在北方地区，羔羊多在冬季或早春出生，死亡率较高，若遇到牧草减产、大雪、倒春寒等灾年，羔羊的死亡率更大。死亡原因主要是母羊体弱，羊奶供给不足。此时若能及时给羔羊供给营养全面的代乳粉，避免母羊体弱、无奶或少奶，也能提高羔羊的成活率，因为用代乳粉可以帮助羔羊从吃奶过渡到吃开食料，提高适应生存环境的能力。

（2）促进优良种羊的繁殖　近年来我国大量引进国外优质种羊，并在国内开展胚胎移植工作，用当地母羊生产大型肉用羊面临的一个突出问题是羊奶供不应求，直接影响了种羊的发育和推广。养殖户多用奶山羊做保姆羊哺乳羔羊，这样虽然可以解决羊奶不足的问题，但是增加了生产成本；若用婴儿奶粉饲喂羔羊，又会产生一系列营养问题。

（3）促进我国现代肉羊业的发展　我国羊只总数居世界之首，是养羊大国，但却不是强国，羊肉生产仍比较落后。目前世界主要羊肉生产国的优质肥羔或优质小羊肉占到羊肉产量的80%以上，发展现代化的肉羊生产体系需要肉羊的工厂化生产，肉羊的工厂化生产意味着羔羊的批量生产。如果仅靠传统的母乳哺育，难以达到现代化饲养管理和产品的产出要求，而代乳粉完全代替羊奶的实施则意味着羔羊早期断奶是可行和可操作的，这样就能实现母羊能够及早恢复体况，进入下一个繁殖周期，从而达到1年2产或2年3产的要求。

2. 国内利用代乳粉饲喂早期断奶羔羊的实例

目前国外对于羔羊代乳粉的研究与应用已经比较广泛，并且已经有多家专业的代乳粉生产厂商，而国内羔羊专用代乳粉的研究与应用均刚刚起步。中国农业科学院饲料研究所经多年的研究与实践研制出最新羔羊专用代乳粉，代乳粉选用经浓缩处理的优质植物蛋白质粉和动物蛋白质，经雾化、乳化等现代加工工艺制成，含有羔羊生长发育所需要的蛋白质、脂肪、乳糖、钙、磷、必需氨基酸、脂溶性维生素、水溶性维生素、多种微量元素等营养物质和活性成分及免疫因子。可以在羔羊吃完初乳后，将其按照1：（5～7）的比例用温开水冲泡，代替母羊奶喂养羔羊，在生产中已经见到很大的效益。

北京一家公司使用羔羊专用代乳粉饲喂羔羊，对羔羊进行早期断奶取得了成功。具体做法如下：将羔羊专用代乳粉用温开水按照1：（5～7）的比例冲泡，然后饲喂羔羊，羔羊数量较少时，可使用奶瓶饲喂，在饲喂时，用双腿夹住羔羊，一手托住羔羊头部，一手持奶瓶进行饲喂。刚开始时，羔羊需要对奶头进行适应，可用手指蘸少量代乳粉液体，放入羔羊口中，让其吮吸，对于个别羔羊，可将手指放入羔羊口中压住羔羊舌头灌服。代乳粉液体的喂量可按照羔羊的生长发育情况进行调整，每次饲喂量不得超过500毫升，每日饲喂量不得超过2000毫升，以免引起消化不良。羔羊20日龄时可补饲优质干草及颗粒饲料，羔羊满40日龄、60日龄、80日龄时应按比例减少代乳粉饲喂次数和数量，直到断奶。

在使用代乳粉饲喂羔羊时，要注意饲养人员要进行手部消毒，喂奶时不得将羔羊头部抬得过高，以免呛到羔羊，同时双腿夹住羔羊时不得用力过猛以免夹伤羔羊，要严格注意代乳粉温度，奶温严格控制在38℃，否则容易烫伤羔羊或造成羔羊拉稀。要严格注意奶具消毒，可用高锰酸钾对奶嘴消毒，做到一羔一嘴，喂奶结束后应使用碱水对奶瓶、奶嘴进行清洗，并使用消毒液进行浸泡，夏季饲喂时还要注意及时灭蝇。

3. 早期断奶和饲喂代乳粉的注意事项

（1）保证初乳供应充分　羔羊出生48小时内一定要使它吃上初乳，因为初乳中不仅含有丰富的蛋白质、脂肪，而且其氨基酸组成全面，维生素种类也比较齐全，矿物质含量多，尤其是镁，能够起到促进胎便排出的作用。最重要的是，初乳中含有大量的抗体，能够被羔羊直接吸收用于抵抗外界微生物侵袭。如果没有及时吃到初乳，羔羊消化道内逐渐完善的酶系就会将免疫球蛋白等分解，丧失获得被动免疫的机会，从而导致羔羊发病甚至影响其成活率。

（2）代乳粉和开食料要保证质量　由于羔羊断奶后瘤胃尚未发育完全，体积也有限，其微生物种群不够完善，合成作用也不全面，因此必须要考虑在此基础上保证代乳粉和开食料能够被羔羊高效利用。羔羊处于发育时期，要求的蛋白质、能量水平高，矿物质和维生素要全面。有试验表明：日粮中微量元素含量不足时，羔羊会出现吃土、舔墙等现象。因此，不论是代乳粉、开食料还是早期的补饲料都必须根据羔羊消化生理特点及正常生长发育对营养物质的要求，保证其质量尽量接近母乳，具有较好的适口性，尤其要保证能量和蛋白质的供应量。

4. 早期断奶羔羊的强度育肥

羔羊1.5月龄断奶后，采用全精料育肥，育肥期为50~60天，羔羊3月龄左右屠宰上市。育肥期末羔羊活重可达30千克左右，日增重达300克，料肉比为3:1。早期断奶羔羊育肥后上市，可以填补夏季羊肉供应淡季的空缺，缓解市场供需矛盾。

（1）饲喂方法　羔羊出生后与母羊同圈饲养，前21天全部依靠母乳，随后训练羔羊采食饲料，将配合饲料加少量水拌潮即可，以后随着日龄的增长，添加苜蓿草粉，45天断奶后用配合饲料喂羔羊，每天中午让羔羊自由饮水，圈内设有微量元素盐砖，让其自由舔食。

（2）饲料配制　根据羔羊的体重和育肥速度，配制全价日粮。参考配方为：整粒玉米83%，黄豆饼15%，石灰石粉1.4%，食盐0.5%，微量元素和维生素0.1%。微量元素和维生素添加量按每千克育肥饲料计算：硫酸锌（含7水）15毫克，硫酸锰（含1水）80毫克，氧化镁200毫克，硫酸钴（含7水）5毫克，碘酸钾1毫克，维生素A5000国际单位，维生素D1000国际单位，维生素E20毫克。

（3）出栏时间　出栏时间与品种、饲料、育肥方法等有直接关系。大型肉用品种羊3月龄出栏，体重可达35千克，小型肉用品种相对差一些。断奶体重与出栏体重有一定相关性。据试验，断奶体重13～15千克时，育肥50天体重可达30千克；断奶体重12千克以下时，育肥后体重可达25千克。因此，在饲养上提高断奶体重，就可增大出栏活重。

四、哺乳羔羊的育肥

哺乳羔羊的育肥主要利用羔羊早期生长速度快的特点进行育肥。这种育肥方式保留原有的母仔同圈状态，羔羊不提前断奶，只是提高其补饲水平，届时从大群中挑出达到屠宰体重的羔羊出栏上市，剩余羊只仍可转入一般羊群继续喂养。其优势是可减少断奶造成的应激，保持羔羊稳定生长。

1. 饲养方法

母仔同时加强补饲，母羊哺乳期间每天喂足量的优质豆科牧草，另加500克精料，使母羊泌乳量增加；羔羊应及早隔栏补饲，且越早越好。

2. 饲料配制

参考配方为：整粒玉米75%，黄豆饼18%，麸皮5%，沸石粉1.4%，食盐0.5%，维生素和微量元素0.1%。其中，维生素和微量元素的添加量按每千克饲料计算为：维生素A、维生素D、维生素E分别是5000国际单位、1000国际单位和20毫克。硫酸钴3毫克，碘酸钾1

毫克，亚硒酸钠1毫克。每天喂两次，每次喂量为20分钟内吃净为宜。羔羊自由采食上等苜蓿干草，若干草质量较差，日粮中每只应添加50～100克蛋白质饲料。

3. 出栏时间

羔羊经过30天的育肥，到4月龄为止，挑出羔羊群中达到25千克以上的羔羊出栏上市。剩余羊只断奶后再转入舍饲育肥群，进行短期强度育肥。

五、羊正常断奶后育肥技术

正常断奶羔羊育肥是基本的生产方式，也是向羊肉生产集约化过渡的主要途径。羔羊正常断奶后，除部分羔羊选留到后备群外，其余羔羊多半出售。对体重小或体况差的羔羊进行适度育肥，而体重大的羔羊通过短期强度育肥，都可以加速出栏，进一步提高经济效益。

1. 预饲期肥育技术

羔羊断奶后转移到新的饲养环境和新的饲料条件下，最大的问题是会产生应激反应。因此，在羔羊转出之前，应先暂停饲喂及饮水，空腹一晚，第二天早晨称重后运出，途中应尽量减少颠簸，缩短运输时间。羔羊并入育肥圈的2～3周是关键时期，如果已有补饲习惯，则可以提高成活率。此时应减少对羊的惊扰，使其充分休息，开始1～2天只喂一些容易消化的干草，同时保证饮水充足。具体过程如下。

第1～7天只喂干草，自由饮水，使羔羊度过这段适应期。

第7～10天的参考日粮配制如下：玉米粒25%，干草64%，糖蜜5%，油饼5%，食盐1%，抗生素50毫克。这一配方含粗蛋白12.9%，总消化养分57.1%，消化能10.50兆焦，钙0.78%，磷0.24%。饲料精粗比为36∶64。

第10～14天参考日粮配制如下：玉米粒39%，干草50%，糖蜜5%，油饼5%，食盐1%，抗生素35毫克。这一配方含粗蛋白12.2%，总消化养分61.62%，消化能21.71兆焦，钙0.62%，磷0.26%。饲料精粗比为50∶50。

饲喂期投喂饲料不宜使用自动饲槽，应用普通饲喂槽，每天饲喂2次。饲槽长度要保证每只羔羊都有足够的槽位，平均为每只羔羊25～30厘米。投料量以在30～45分钟内吃净为宜，量不够要添加，过量需要清扫。另外可以根据羔羊大小、品种和个体间的采食差异实施分群饲养，加大饲喂量和变换日粮配方都应有2~3天过渡期，不能变换过快，同时做好羔羊的免疫注射和驱虫工作。

2. 正式育肥期

正式育肥期要根据肉羊品种、体质、体重大小、增重要求确定肉羊育肥计划，由此确定所采用的日粮类型。也可以根据当地的品种资源和饲料资源情况，确定肉羊育肥计划。

（1）粗饲料型日粮——普通饲槽用　玉米可用整粒籽实，也可用带穗全株玉米；干草用以豆科牧草为主的优质干草，粗蛋白质含量应不低于14%。玉米粒或全株玉米要经过粉碎或压扁加工后，与蛋白质补充料配制成精料，每日分早、晚两次投喂，干草自由采食。

（2）粗饲料型日粮——自动饲槽用　适用于羔羊自由采食的自动饲槽用，干草用以豆科牧草为主的优质干草，粗蛋白含量应不低于14%。饲养管理时，自动饲槽内必须装足1天的用量，1天给料一次，每只羔羊先按1.5千克喂量计算，再根据实际采食量酌情调整，绝不能让槽内流空，即使是时间不长也不适宜。为保证自动饲槽内贮放的饲料上下成色一致，必须将饲料粉碎后搅拌均匀，带穗玉米必须碾碎，通常过0.65厘米筛孔，保证羔羊无法从中挑食玉米粒。

（3）全精料型日粮　全精料型日粮只适用于35千克左右的健壮羔羊，通过40~55天育肥，达到上市体重即48~50千克。此型日粮不含粗饲料，为了保证羔羊每日能采食到一定的粗纤维，可以另给50~90克的秸秆或干草，如果羔羊圈用秸秆当垫草，每日更换垫草，也可以不另喂干草。全精料型日粮配方为：玉米60%，豆粕20%，麸皮18%，添加剂2%，自由采食矿物质、食盐舔砖。

（4）全价颗粒饲料型日粮　将粗饲料和精饲料按40∶60的比例配制日粮，加工成颗粒饲料，采用自动饲槽添料，羔羊24小时自由采食，自由饮水。全价颗粒饲料喂羊能实现肉羊饲养的标准化，使羔羊发挥最大的生长潜力，提高肉羊的饲料利用率，将是肥羔生产的主要饲料形式。

（5）青贮饲料型日粮　此型日粮以玉米青贮（占日粮的67.5%~87.5%）为主，适用于育肥期较长、初始体重较小的羔羊育肥。例如，羔羊断奶体重只有15~20千克，经过120~150天育肥达到屠宰体重，日增重在200克左右。这种日粮饲料成本低,青贮饲料可以长期稳定供应。

第二节 成年羊育肥技术

一、成年羊育肥期的生理特点

育肥期的成年羊已经停止生长发育,增重往往是脂肪的沉积,因此需要大量能量,其营养需要除热能外,其他营养成分略低于羔羊。一般品种的成年羊育肥时,达到相同体重的热能需要高于肉用增重,从而增加单位增重的饲料和劳动力消耗。羊只在育肥过程中其品质会发生很大变化,羊肉中水分相对减少,脂肪含量增加,热量增加而蛋白质含量有所下降。

二、成年羊育肥应遵循的基本原则

1. 育肥组群原则

凡不作种用的羔羊和淘汰的老弱瘦残羊都可用作育肥。首先需要对它们进行去势、驱虫、修蹄,然后按老幼、强弱、公母进行分群和组群,这样有利于羊的生长发育。但一般而言,幼龄羊比老龄羊增重快,肥育效果好。1～8月龄的羔羊生长速度最快,且主要生长肌肉,选择断奶羔羊作肥育羊,生产出的肥羔羊肉质好、效益高。

2. 突出效益原则

肉羊育肥不是盲目追求日增重的最大化,需要兼顾经济效益,尤其是在舍饲肥育条件下,最大化的肉羊增重往往是以高精料日粮为基础的,因此设定预期肥育强度时,一定要以最佳经济效益为唯一尺度。生产中应根据饲养标准并结合羊只自身的生长发育特点,确定其日粮组成、供应量以及补饲定额,同时要结合实际进行调整。

3. 舍饲育肥原则

当气温下降或草场等被冰雪覆盖时,需要将羊只转为舍饲育肥,日粮以优质干青草或青贮饲料为主,每天喂给一定数量的玉米、瓜干、高粱、豆饼等精饲料,还可喂些胡萝卜、南瓜等多汁饲料,以提高适口性,增加羊的采食量。让羊在温暖的羊舍中吃饱喝足,能保持其迅速生长发育并增重长膘。

4. 适时屠宰原则

根据肥育羊所处的生长发育阶段,确定肥育期的长短,肥育期过短效果不明显,过长则饲料报酬低,经济上不合算。因此,肉羊达到一定体重时要及时屠宰或上市,而不能盲目追求羊只的最大体重。

5. 规模确定原则

在实际生产中,育肥规模越大并不代表利润就越多,也存在着由于盲目采购羊只,忽视市场动态、消费者购买力而导致规模大、亏损也大的现象。在决定饲养规模前,需要解决以下问题:一是要了解当地消费者对肉类的需求水平,从而对预售价格进行合理预测;二是要关注相关农产品如玉米、大豆等的价格,该类产品的价格变化会直接影响到饲料价格,进而影响肉类价格;三是要根据自身贮存饲料的能力来确定育肥期批次及长短。一般合理的育肥期在60~70天,从经济效益的角度来讲,育肥期最好不要超过90天。

三、育肥前的准备

1. 根据羊只来源、大小和品种,制定不同育肥强度和进度

不同品种、不同生产用途的羊,如毛用和肉用羊、细毛和粗毛羊,其育肥方案应有所区别。对于羔羊肥育而言,一般细毛及其杂种羔羊在8~8.5月龄结束,半细毛羊及其杂种羔羊在7~7.5月龄结束,肉用羊及其杂种羔羊在6~7月龄结束。

2. 根据育肥方案,选择合适的饲养标准和育肥日粮

对于能量饲料,应采就地生产、就地取材的原则,达到既能满足能量需要又能降低饲料成本的最优效果;对于蛋白饲料,需要保证较高的质量,一般考虑饼粕类高蛋白饲料。

3. 参照饲养标准,结合当地经验和资源,确定育肥饲料总量

育肥全期应保证不断料,不轻易变更饲料。同时对各种饲料应查阅有关资料,确定其营养成分含量,对特殊饲料应委托有关单位取样,进行营养价值分析,为日粮配制提供依据。

4. 做好育肥羊进圈前的驱虫及圈舍的消毒工作

育肥羊进圈前要进行全面驱虫,以防止体内外寄生虫的发生,同时也要做好羊舍、地面及用具的消毒。

四、育肥羊的选购与调运

1. 育肥羊的选购

育肥羊的选购是保证育肥效果的关键所在。我国目前尚无专门化的肉羊品种，细毛羊、粗毛羊、羔裘羊及其杂种的生长速度极不一致，日增重高者可达250克，低者仅50～100克，因此在育肥之前必须重视羊只的选择。在缺乏相关资料的情况下，市场选购主要依靠客观目测，具体挑选时应注意以下几个方面。

（1）精神状态　注意观察羊的精神状态，凡是精神委靡、毛色发黄、步态蹒跚，喜欢独蹲墙角或卧地不起者多属病羊。有些羊特别是羔羊或1周岁的青年羊，有转圈运动行为，多为患脑包虫的病羊。有的羊精神状态尚好，但膘度极差，甚至"骨瘦如柴"，大多是由于误食塑料而造成的。年龄过大的淘汰羊，部分牙齿脱落，无法采食草料，均不能作为育肥羊，挑选时要予以剔除。

（2）体形外貌　架子大、体躯长、肋骨开张良好、体形呈圆桶状者，体表面积大，肌肉附着多，上膘后增重幅度大。头短而粗、腿短、体形偏向肉用型者，增重速度快。口叉长者采食量大，耐粗饲，易上膘。十字部和背部的膘情是挑选的主要依据。手摸时骨骼明显者膘情较差；若手感骨骼上稍有一些肌肉，膘情为中等；手感肌肉稍丰满者，膘情较好。在市场上收购的羊，大多属前两种，只要不属病羊就可收购。交易市场上还有膘肥体壮的羊，这种羊一般是现宰现卖，它的利润主要依据收购人员的经验，通过准确地估计活重和肉重，达到增加收入的目的。

（3）疫病情况　羊只的选购大部分在集市上进行，羊的来源极为复杂，有的是由附近农民赶到集市上的，有的是由羊贩子调运来的。所以选购时首先要了解羊只来源地的发病情况，要特别重视羊只是否来自急性传染病地区，对来自疫区的羊只要拒绝收购，选羊时要逐个检查，确认无病时方可收购。

（4）市场行情　选购育肥羊是一个买皮估肉的过程，市场价格对其影响很大。具体选购时先了解当天或近几天市场的皮、肉价格，再根据出肉率计算总价格，其中出肉率估计是关键。同时要考虑畜群结构，即畜群中母羊、羯羊、羔羊和公羊的比例。母羊多为淘汰羊，肌纤维较粗，肉质较差，价格与其他羊也不一样；羯羊一般体格中等，但肉质好，深受消费者欢迎，价格最高；羔羊肉质好，价格比一般羊肉高；公羊虽然体大，育肥后产肉率高，但肉质差，价格最低。

2. 育肥羊的调运

（1）准备工作　育肥羊的调运是育肥工作的重要环节，稍有疏忽会造成不必要的损失，因此调运前要做好计划，人员应选择有经验的收购人员、兽医及押运员组成。对运输车辆用1%烧碱消毒，并准备好饲草、饮水工具、铁锹等，根据调运地点及道路状况，确定运输路线。待调运的羊要做好兽医卫生防疫检查，凡有病者不得调运，并且应有当地兽医部门出具的防疫证明，以便路途和以后使用。调运途中人员的休息或吃饭要轮流进行，留专人看守羊只，以免发生丢失。羊只运达目的地后搞好交接手续，做到善始善终。

（2）调动方法　第一种方法是赶运，对距离较短者可采用这种方法。羊只赶运的路程每日15～20千米，行走时间7～8小时。一般都在夜间或早晚，午间休息3～4小时，进行饮水喂草。赶运时多数由2人负责，一人在羊群前面"压住"，另一人在后面慢慢地赶，2人前呼后应的配合，赶运时防止急赶快走，以免发生意外。这种方法费用低，适合于距交易市场较近的地区。

第二种方法是汽车调运，此法速度快、时间短、不易掉膘、应激小，相对运费较高。主要使用的汽车有两种，一种是普通单层卡车，另一种是双层专用卡车，后者可装70～80只育肥羊，运输量大，费用低。但无论采用哪种汽车，装车前都需要给车上铺一层沙土或垫草以防羊只滑倒。装车时密度要适当，不能过大，行驶过程中，车速不能过快，尤其注意要避免急刹车，因急刹车时可能会造成羊只跌倒，个别弱羊无法站立，若未及时发现并采取措施，经常被压死，造成极大损失。所以采用普通单层汽车运输时，车上应有一人看守，随时观察羊只状况，对卧倒在地的羊要及时扶起，以免被其他羊压死。

第三种方法是火车运输，适宜距离较远的地区使用，一般运费较便宜，但因火车途中编组、换车等往往时间较长，应激反应大，容易掉膘。火车到站要抓紧上水，保证途中饮水。装卸车时动作要轻，对羊切忌有粗暴行为。

（3）调运时间　育肥羊的调运以气温适宜的春季最佳，冬季调运要做好防寒工作，夏季气温高不宜调运。调运时应以夜间行车、白天休息为妥，或早晨、傍晚运羊，切忌中午高温时运输。因为羊被毛厚，互相拥挤呼吸困难，容易出现应激。

（4）到达目的地后的处理　运输车辆到达目的地后，打开车门时羊只往往急于向下跳，若不注意易发生骨折，所以应逐个将羊从车上抱下，或搭一木板让羊慢慢走下来，同时逐个核对羊只数量。羊进圈后休息 1～1.5 小时，让其逐渐安定，熟悉新的环境，然后给少量饮水和饲草，切忌暴饮暴食，尽量减少应激。

五、成年羊育肥的技术要点

1. 育肥阶段

成年羊的育肥往往需要 60～75 天，之后即可屠宰，育肥期主要分为适应期、过渡期、催肥期三个阶段。

（1）适应期　育肥羊由放牧地转入舍饲，需要有一个过渡阶段，以 10 天左右为宜，主要任务是熟悉新环境，克服运输过程中的应激反应，恢复自身体力。此时日粮应以品质优良的粗饲料为主，不喂或少喂精料，精、粗料比为 3：7，随着体力的恢复，逐步增加精饲料，此期由于生理补偿作用而日增重快，增重效果较好。

（2）过渡期　此期持续 25 天左右，主要任务是适应粗粮型日粮，防止鼓胀、拉稀、酸中毒等疾病的出现。日粮中精料比例逐步增加，粗、精比为 6：4，防止粗、精饲料比例相近的情况出现，以避免淀粉与纤维素消化之间的副作用，降低消化率。

（3）催肥期　此阶段持续约 30 天，主要任务是通过提高精料比例，进行强度育肥，饲料的饲喂次数由 2 次改为 3 次，尽量让羊只多吃，使其日增重达到 200～250 克以上。

2. 饲养管理

（1）饲喂方法　饲喂时一般将饲草与精料加水搅拌后饲喂，加水量以羊只不感到呛为原则，过干易发生异物性肺炎。但对青贮饲料则不适合，因为羊采食时是先挑选精料吃，然后才采食粗料，这种方法不符合先粗后精的原则。比较合适的方法是上午喂粗饲料，下午喂精粗混合料。另外，饲料更换要逐步进行，先更换 1/3，过 1～2 天再更换 1/3，再过 1~2 天后全部更换，切忌突然变换饲料，否则会引起羊只食欲下降或伤食。

（2）日粮组成　采用秸秆配合饲料育肥成年羊，日粮组成为玉米 59%、葵花饼 32%、酵母饲料 8%、食盐 1%，添加剂按说明添加，采食量 1.2 千克干物质，饲养结果日增重达 200 克。

（3）饲喂次数　一般 2 次/天，春秋饮水 1 次/天，冬季隔日 1 次，但要增加饮水量。饮水时每个小圈轮流进行，防止哄抢，以免挤伤羊只。

（4）饲养程序　早晨 7 时开始饲喂，9：00~11：30 时调制饲料、清扫圈舍，中午 13 时饮水，下午 14：30~16：30 将饲草与精料混搅均匀，堆起来自然发酵，待第 2 天使用，下午 17 时饲喂，晚 21 时检查羊只休息精神状况，夜间值班人员巡视检查，发现病羊或意外情况立即报告兽医。

3. 育肥时应注意的问题

（1）合理饲喂　育肥羊的饲喂应定时、定量、定温、定质，注意多种饲草和饲料的均匀搭配，尽量做到饲料不单一喂，要求当日添加的饲草、饲料要现拌，并做到夏季防霉、冬季防冻，绝不饲喂霉烂变质和冰冻的饲料。长期饲喂某种饲料应预防代谢病的发生。添加剂要用低毒或无毒、易排泄的物质，如瘤胃素等。

（2）注意勤于观察　育肥前要求对饲养员进行专门培训，使其掌握基本的饲养知识和生产要领，生产中要注意观察羊只采食饲料和反刍的情况，以及精神状况是否正常和对响声的反应是否灵敏，以便对病畜做到早发现、早治疗。

（3）注意定期称重　对同一批次、同一等级的羊只抽样称重，及时了解育肥羊只的增重情况，准确掌握饲料报酬，一般以 15 天左右为 1 个周期，以便掌握每月成本投入及育肥日增重速度，随时调整饲料供给，了解可出栏羊只数，做到及时出栏。

（4）注意栏舍维护　入冬前不仅要维修好圈舍，防止贼风入侵，还要保证圈舍清洁卫生，干燥温暖；不漏雨、不潮湿；圈舍勤垫草、勤换草、勤打扫、勤除粪。

（5）注意防病治病　首先要做好圈舍消毒工作，一般用 2% 福尔马林对羊舍、饲槽及周围环境进行消毒，对羊只进行带体消毒；场门口要设消毒池，对进出场区的车辆进行消毒。其次是日常喂给的饲料、饮水必须保持清洁，不饮冷水和脏水，更不能空腹饮水。第三是要定期进行预防注射，要注射口蹄疫、羊痘、羊三联四防等疫苗。第四是要注意羊舍的环境卫生、通风和防潮情况，做好羊疥癣等寄生虫病的防治。第五是要让羊只定期饮用0.1%的高锰酸钾水溶液，饮用次数视情况而定。第六是防止羊只相互串圈，各栏之间应当有很好的防护，杜绝由于串圈造成疾病的相互传播。最后要密切注意天气变化情况，针对风雨天气早做防范，从而防止羊只因风寒患病。

第三节　肉羊的异地育肥技术

异地育肥是一种高度专业化的肉羊育肥生产制度，是在自然和经济条件不同的地区分别进行肉羊的生产、培育和架子羊的专业化育肥。

一、异地育肥的优点

1. 减轻牧区冬春草场压力

我国牧区由于过去盲目追求牲畜净增，载畜量过大，草场建设跟不上和利用不合理，退化严重；加之牧民惜售观念严重，造成冬春季节成、幼畜大批死亡。如果把这些过不了冬春的羊及时转到农区进行育肥，既可以减轻牧区冬春草场压力，使瘦弱畜育肥后变成商品畜，减少死亡损失，又可以增加收入，合理利用草场，促进牧区畜牧业沿着良性循环、商品畜牧业的路子顺利发展。

2. 利用农区饲草料资源

农区有大片的荒山草坡，有大量的庄稼秸秆，随着这几年种草种树的发展，饲草资源越来越多，同时农区还有大量玉米、豆类、大麦、青稞等饲料资源及食品加工的麸皮、糟渣、饼粕等下脚料可供育肥之用。随着畜产品购销的放开，畜产品价格的调整和社会对羊肉需求的增长，肉羊异地育肥已成为一项增加群众收入，适应市场需要的新兴事业。

3. 改善畜群结构

目前，供育肥的羊绝大部分是牧区的老残畜，即把多年压群的老犍牛、大羯羊转售到有饲草料条件的农区经短期育肥后出栏，这对合理调整牧区畜群结构，增加适龄母畜比例，加快农牧区畜种改良，提高羊出栏率、产品率和商品率具有非常积极的意义。

4. 促使群众自觉地调整农村产业结构

肉羊异地育肥搞得好的地方，能够带来一些新变化，由种植业向养殖业转变、土种畜向良种畜转变、牲畜由役畜向商品肉畜转换、农村经济由单一经营向综合经营转换，使牧区、农区、城市经济由隔离状态转向有机联系，农牧民由贫困转向富裕。

二、异地育肥前的准备

1. 羊舍的准备

羊舍的地点应该选择在通风、排水、避风、向阳和接近牧地及饲料仓库的地方。羊育肥不需很好的羊舍，不必在育肥羊舍上投资过大，只要能保证卫生、防寒、避风和挡雨即可，并且要有充足的草架、补料槽和饮水槽。育肥前要对羊舍进行彻底的清扫和消毒。

2. 饲草、饲料的准备

饲草、饲料是羊育肥的基础。按育肥生产方案，储备充足的草料，满足育肥需求，避免由于草料准备不足，经常更换草料，影响育肥效果。舍饲育肥时，在整个育肥期每只羊每天要准备青干草1千克左右，或青贮料2千克左右；精料每天0.5～1.0千克。放牧加补饲育肥时，精料每天0.3～0.5千克。

3. 育肥羊的准备

（1）育肥羊的选择及运输　一般来说，用于异地育肥的羊应该选择刚断奶的羔羊和青年羊，其次才是淘汰羊和老龄羊。羔羊断奶后离开母羊和原有的生活环境，转移到新的环境和饲料条件，势必产生较大的应激反应。为减轻这种影响，在转群和运输时，应先集中起来，暂停供水供草，空腹一夜，第二天早晨运出。进入育肥场后的第一、二周是关键时期，伤亡损失最大。育肥羊进入羊舍后，应减少对羊群的惊扰，让其充分休息，保证饮水。

为防止应激，可在运输后2天适当添加抗应激药物，如氯丙嗪、维生素C等。

（2）防疫工作　育肥羊在投入育肥之前还应根据情况驱虫、药浴、免疫注射等防疫工作，以确保羊只健康，使育肥工作顺利进行。

（3）去势　去势后的公羊性情温驯、肉质好、增重速度快。但对于刚断奶的2～3月龄的羔羊可不去势直接育肥。

(4) **分群** 羊肉生产分羔羊肉和大羊肉生产两大类。在这两大类中除了年龄不同外，还有性别和品种差别，其新陈代谢和采食、消化、吸收机能均有不同。为使各类羊的育肥均能获得最好的效果和最高的经济效益，在羊育肥之前，先将其按年龄和性别分别组群，如果品种性能差异较大，还应把不同品种的羊分开。

4. 制定育肥方案

当育肥羊来源不同，体况、大小相差大时，应采取不同方案区别对待。不同品种、不同生产用途的羊，如毛用羊、肉用羊和粗毛羊，其增重速度、育肥方案应有所不同。对羔羊进行育肥，一般细毛及其杂种羔羊在8～8.5月龄结束，半细毛及其杂种羔羊在7～7.5月龄结束，肉用及其杂种羔羊在6～7月龄结束；成年羊育肥应根据羊的体况和脂肪沉积状况而定，一般育肥时间不超过3个月。

5. 选择合适的饲养标准和育肥日粮

根据羊的品种、个体大小及体况等，参照相应的羊育肥需要营养标准配制日粮，育肥全期应保证不轻易变更饲料。对所用饲料应进行营养价值分析或查阅相关资料确定其营养成分含量，为日粮配制提供依据。

能量饲料是决定育肥成本的主要原料，一般先从粗饲料计算能满足日粮的能量程度，不足部分再用精料补充；日粮中蛋白质不足，首先考虑饼粕类植物性高蛋白质饲料。

三、异地育肥的技术要点

参考羔羊与成年羊的育肥技术要点。

第四节 半牧区、牧区的饲料配制

一、我国半牧区、牧区特点及现状

1. 半牧区、牧区的分布情况

半牧区也称农牧交错区，是农耕产业与养殖产业交汇的地带，是长期历史演变过程中由放牧畜牧业向种植业过渡而形成的特殊民族经济地理区域。其地理位置大致从大兴安岭东麓经辽河上游、阴山山脉、鄂尔多斯高原、祁连山东段至青藏高原东周缘，形成一个弧形的狭长地带。

牧区是指主要利用天然草原，采取放牧方式，以经营畜牧业取得产品为主业的地区。我国牧区主要分布在内蒙古高原、东北平原西部、黄土高原北部、青藏高原、祁连山以西、黄河以北的广大地区，面积约 3.6×10^6 千米^2，约占全国土地面积的 37%。牧区是我国牛、羊生产的重要基地，近几年细毛羊向肉羊改良的步伐在加快。

2. 半牧区、牧区草原生态环境现状

由于近几年气候、人为和社会等原因，我国牧区、半牧区草原生态恶化趋势还未根本扭转。目前主要表现为：全国 90% 的可利用草原存在不同程度的退化，草原植被覆盖度下降，产草量同 40 年前比较，下降了 40%～50%；载畜量合计约 6.5 亿个羊单位，超过理论载畜量近 36%。造成草原生态环境退化的原因有多个。第一，草原生态经济系统经济物质的输入很少，而掠取得多，从而使系统的社会经济结构与自然生态结果不相协调，自然再生产与经济再生产不相适应。如在内蒙古，20 世纪 90 年代，典型草原每公顷投入仅 0.75 元，而产出是 28.5 元，投入产出比 1:38。第二，由于半牧区、牧区人口的快速增长，驱使农牧民盲目增加家畜头数，以满足人口日益增长对基本生活保障的需求，从而导致草场严重超载过牧。我国草原家畜平均超载率超过近 36%，其中四川、甘肃省超载 40%、新疆维吾尔自治区和青海省超载 39%、西藏自治区超载 40%、内蒙古自治区超载 22%。第三，缺乏科学管理草原的意识、不切实际地利用草原，更加速了草原的退化和沙化严重，近十年来随着草原建设资金的增加，不少地区不顾气候条件、降水条件、经济建设基础条件，滥建围栏，特别是每公顷单产不到 200 千克的干旱与半干旱草原的围栏，不仅堵塞道路、影响正常的生产活动，而更主要的是围栏内的放牧强度虽然暂时得到减轻，但围栏外更大范围的草原放牧强度则进一步加重，反而加快了草原退化的强度和范围。第四，由于生态环境和栖息地的破坏和人为的滥捕、乱猎等行为的影响，草原生态系统中有益人类的野生动物锐减、相对平衡的食物链被人为地破坏，导致物种相互制约力的失衡，从而让繁殖力很强的鼠、虫，在缺乏天敌的生境下滋生成灾，以内蒙古锡林郭勒盟为例，1986 年布氏田鼠成灾面积达 167 万公顷；2000～2003 年，全盟草原蝗虫成灾面积达 2092.7 万公顷，使退化草场进一步恶化，如此恶性循环，每况愈下，直至最终形成寸草不生的沙滩或裸地。

3. 草原保护工作取得的进展及未来目标

截至 2007 年底，全国累计种草保留面积达 0.28 亿公顷，草原围栏面积超过 0.6 亿公顷，禁牧、休牧、轮牧草原面积 0.93 亿公顷，草种生产超过 10 万吨，草原生态建设的速度明显加快。全国约有 3000 多万头牲畜从完全依赖天然草原放牧转变为舍饲、半舍饲圈养，有效保护了草原生态环境。全国 20% 的草原实施了禁牧、休牧和划区轮牧，目前全国已落实承包草原面积约占可利用草原面积的 70%，内蒙古、黑龙江、四川、宁夏、西藏、甘肃、青海等省区陆续制定或修订了草原法实施办法，草原法规、规章体系初步形成。

"全国草原保护建设利用总体规划"确立了"十一五"至 2020 年我国草原保护和建设的总目标。到 2010 年，我国草原围栏面积累计达到 1 亿公顷，改良草原面积达到 4000 万公顷，人工种草面积达到 2000 万公顷。牧草良种繁育基地达 60 万公顷，年产草种达 18 万吨以上。全国 40% 的可利用草原实施禁牧、休牧和轮牧措施，天然草原超载率由目前的 36% 下降到 25% 以下，草原植被逐步恢复，草原生产能力有所提高。到 2020 年，全国草原退化趋势得到基本遏制，草原生态环境明显改善，全国草原围栏面积累计达到 1.5 亿公顷，改良草原 6000 万公顷，人工种草面积达到 3000 万公顷，牧草良种繁育基地达到 80 万公顷，年产草种达 30 万吨以上。全国 60% 的可利用草原实施禁牧、休牧和轮牧措施，天然草原基本实现草畜平衡，草原植被明显恢复，草原生产力显著提高，初步建立起人与资源、环境之间和谐统一的良性生态系统。

二、半牧区、牧区肉羊的放牧饲养

半牧区、牧区的绵羊以天然牧草为主要饲料来源，而且绵羊具有很强的合群性，可以大群放牧，而且草地绵羊品种四肢强健善走，很适合放牧。绵羊可以采食贴近地面的较短的草，也能在冬季用前肢刨开积雪采食枯草，几乎能利用所有的杂草灌木类植物。草原绵羊多是肉用性或肉毛兼用性羊。

1. 肉羊的放牧方式

（1）自由放牧　自由放牧是一种传统的放牧制度，羊群被指定到草场一定的区域，任由羊群自由游走，只在一个区域连续放牧，不进入其他区域。目前在半牧区和牧区利用天然草场放牧的主要形式是四季或三季草场放牧，即按不同季节在不同的草场内放牧，仍沿用自由放牧这种粗放的管理方式，这样会造成超载过牧，降低草场载畜量。

（2）围栏放牧　围栏放牧是草场承包制后，牧民把草场用柱桩围起来，在一定范围内放牧采食的放牧方式。通过围栏放牧的方式可以减少羊群的运动量，比自由放牧提高草场利用率达10%～15%，提高绵羊增重达10%～25%。条件较好的情况下，一般会在草场上设有饮水的湖泊或专门供水、补料的设施。

（3）划区轮牧　划区轮牧也称小区轮牧、分区轮牧，是将草场划分为若干个小区，同时把肉羊按结构、体重、出栏要求等因素分配到不同小区轮回放牧，逐区采食，并保持经常有一个或几个小区的牧草休养生息。划区轮牧是合理利用草场的一种科学的先进的放牧制度，能够合理利用和保护草场，提高草场的载畜量；羊被控制在小区内，减少了游走所消耗的热能而加快增加体重；另外也能控制羊只体内寄生虫感染。

2. 肉羊四季放牧特点

（1）春季放牧　春季天气略回暖，但草原地区的气温变化较大，此时草场上牧草还未返青或刚开始返青，处于春乏时期，如果放牧不当会容易造成羊只死亡，因此，春季放牧的关键是要让绵羊及早恢复体力，为以后放牧长膘奠定基础。

春季放牧应选择较温暖的平原、川地、盆地和丘陵等，而且要特别注意气候的变化，天气预报会有恶劣天气时，要将羊群赶到圈舍附近或山谷避风处放牧。根据春季气候特点，放牧宜迟，归牧宜早，中午可不回圈舍，尽量让羊群多采食。

春季牧草返青时羊群易出现"跑青"现象，造成羊只不但吃不饱，还会消耗体力，为了避免羊群"跑青"，需要在牧草发芽时先将羊群赶到返青较晚的沟谷或阴坡草地，逐渐由冬场转入春场。放牧过程中，牧工应走在羊群前面，挡住"头羊"，控制羊群，防止羊群乱跑。另外，春季羊只急于吃青草，容易饥不择食误食毒草，因此应随时注意羊只表现。

（2）夏季放牧　夏季是羊群抓膘的好季节，夏季放牧要点是迅速恢复冬春失去的体膘，抓好伏膘，能够使羊只提前发情，利于早秋配种。

夏季由于天气炎热，应选择高地或山坡等草场放牧，避免低洼闷热处蚊蝇的滋扰影响羊群的采食，而且高地气候凉爽多风，牧草丰富，便于羊群专心采食。夏季应当尽量延长放牧时间，此时放牧要早，归牧要迟，尽量让羊群在一天中吃饱吃好，中午让羊群在草场卧憩，注意要防止羊群"扎窝"（堆在一起）。出牧时，要掌握"出牧急行"和"顺风出牧，顶风归牧"的原则；在多雨时节，小雨可照常放牧，背雨而行，遇到雷雨时，应将羊群赶到较高地带，分散站立，但不能在树下避雨，如果雨久下不停，应及时驱赶羊群活动发热，以免羊只受凉感冒。

（3）秋季放牧　秋季天气凉爽，白昼变短，也是牧草营养价值最高的阶段，绵羊采食量也较大，是抓膘的高峰时期，牧民称抓"油膘"，即这种膘持续期长，不容易掉膘；秋季也是母羊配种季节，抓秋膘有利于提高受胎率，在配种前选择好草地，作为短期优质牧草放牧，可促使母羊同期发情。

秋季放牧时应由高地转移到低处，如牧草丰富的山腰和山脚地带，如果条件允许，草场较宽广，要经常更换草地，使羊群能够吃到喜欢的多种牧草，尤其是草籽。秋季放牧，应做到早出晚归，延长羊群采食时间，晚秋时节会出现早霜，此时放牧应晚出晚归，避免羊吃霜草后患病，特别是配种后的母羊，容易造成流产。

（4）冬季放牧　冬季牧区气候寒冷，且风雪较多，因此在这段时期要重点注意羊只的保膘、保胎和安全生产。半牧区、牧区冬季漫长，草场利用率低，要选择地势较低和山峦环抱的向阳平坦地区放牧，尽量节约草场。此时放牧，羊群不宜游走过远，以防天气变化，影响及时返圈，不易保证羊群安全，如有较宽余的草场，可在羊圈舍附近留一些草场，便于在恶劣天气时应急。进入冬季时，羊群要整顿，淘汰老弱羊，多出栏当年羔羊，减轻冬季草场压力，保证羊群安全过冬。

3. 肉羊的放牧饲养管理

（1）种公羊的饲养管理　种公羊要保持体质健壮，不能过于肥胖，在配种期间性欲旺盛，精液品质良好，充分发挥优良种公羊的作用，提高种公羊的利用率，种公羊应单独为群，除夏季放牧一段时间不补饲外，常年补饲。

① 非配种期种公羊的饲养　非配种期时间较长，在内蒙古地区每年的 11 月至翌年 7 月，长达八九个月，经历春、秋、冬三季，度过枯草期、青草期两个时期。一年仍以放牧为主，青草期每天每只公羊喂给混合精料 0.3～0.4 千克；冬季若放牧，还要补喂优质干草 1.5～2.0 千克，青贮及块根多汁饲料 2.0～2.5 千克，分早、晚喂给，饮两次水。这个时期的饲养管理为配种期打好基础，不能忽视。

增膘复壮期（10 月下旬到 11 月末）的饲养：种公羊经过配种后，到 10 月下旬结束，体力和营养消耗很大，这段时期要注意停止公羊的运动，加强放牧与补饲，在饲料方面，应逐步减少精饲料饲喂量。

从 12 月初到翌年 6 月末长达 7 个月的时间内，除保证种公羊的能量需要外，还应注意蛋白质、维生素、矿物质的补充。补饲期日喂 0.4～0.5 千克混合精料、1.5～2.0 千克青贮、0.8～1.0 千克优质干草或豆科牧草、0.5～0.6 千克胡萝卜，保证种公羊的营养需要。配种预备期（7 月中旬至 8 月下旬）正值夏季放牧时期，精料喂量达到配种期精料标准的 60%～70%，逐渐增加到配种期的标准。

② 配种期种公羊的饲养　配种期种公羊消耗营养和体力较大，要求日粮营养全面，尤其是蛋白质营养供给要充足。配种期种公羊体重在 100～120 千克范围，干物质采食量必须达到 2 千克左右和 250 克的可消化粗蛋白质。精料量为 0.7～0.8 千克，牛奶 0.5～1.0 千克，鸡蛋 2～4 枚，骨粉 10 克，食盐 15 克，精料分早、午、晚三次喂给，早、午两次可少喂些，晚上可多喂些。配种期种公羊采食很挑食，应补喂些青割大豆、苜蓿等优质青草和槐树叶、榆树叶等，利于提高种公羊的精液品质及种公羊性欲。

（2）母羊的饲养管理

① 配种期种母羊的饲养　半牧区、牧区草地母羊一般 15～16 月龄配种，成年母羊一年除怀孕期、哺乳期，只有 3 个月的空怀期，即为配种期母羊，此时期应保证母羊营养好、体重增加、发情排卵及时。据有关试验，配种前每增加 1 千克体重，产羔率可望增加 2.1%。对离乳较晚的母羊、育成母羊和瘦弱的母羊，延长放牧时间，适当的补饲精料，进行短期内强化饲养，使母羊的体况很快复壮。

② 妊娠母羊的饲养　妊娠前 3 个月内，胎儿发育较慢，所需养分不多，可视情况进行少量补饲，一般一只母羊日补青干草或青贮 1.0 千

克或 3.0 千克，精料 0.2～0.3 千克，并补食盐及钙、磷。妊娠后期（妊娠的后 2 个月）胎儿生长很快，约 90% 体重在此期间长成，所以要加强母羊的饲喂，以优质干草为主，另外要补饲，一般 40～50 千克的母羊，日补青干草 1.5 千克，精料 0.4 千克，食盐 15 克，磷酸氢钙 20 克。混合精料比例可参考下列数据：饼粕类 50.0%，燕麦 25.0%，玉米 12.5%，麸皮 12.5%。

③ 哺乳期母羊的饲养　母羊产后 4～6 周达到泌乳高峰，14～16 周又开始下降，其中产后两个月的泌乳前期是哺乳母羊关键的阶段，此时正逢冬春过渡，牧草青黄不接，羔羊又全靠母乳供给营养，因此此时的母羊日粮营养应处在较高水平，均要高于妊娠期母羊的 10%，若产下双羔则更需要加量。一般哺乳前期母羊精料补给量为 0.5 千克左右，青干草 1.5 千克，青贮 1.0 千克，块根类饲料 0.5 千克，食盐 15 克，磷酸氢钙 20 克。产后虚弱的羊，用大豆制成豆浆加水煮沸后饲喂母羊，对恢复母羊体力和促进泌乳有良好效果。哺乳期母羊若泌乳过多，可减少精料及多汁饲料的饲喂量；若泌乳少，可适当增加精料及多汁饲料等。从哺乳后期开始，由于此时羔羊已经可以开始采食青草，母乳此时仅能满足其 5%～10% 的营养需要，因此应停止母羊补饲，转为完全放牧。

(3) 羔羊的饲养　羔羊出生 1～7 天内要吃好初乳；7～10 天开始，羊舍应储备优质青干草，以尽早诱导羔羊开食；出生后 15～20 天，已开始采食青干草和少量的混合料，具体可以投喂 30～50 克的优质青干草和一定比例的经粉碎过的盐砖，到 1 月龄开始补饲。每只羔羊每日补混合料 50～100 克，2 月龄为 120～150 克，3 月龄 150～200 克，4 月龄 200～250 克。

(4) 育成羊的饲养　从断奶到第一次配种前的羊称为育成羊，一般为 4～18 月龄，在半牧区和牧区可把育成羊的饲养管理分为三个阶段。

① 断奶后夏秋季饲养管理（5～10 月龄）　这一阶段的育成羊由于刚断奶，还不能完全适应离开母羊的环境，因此不能安心吃草，应选择就近的夏季草场进行放牧，放牧时应控制好育成羊好游走、挑草种的不良习惯。对刚断奶的育成羊，可视情况进行补饲 20～30 天，争取羊只平均日增重达 180～220 克。

② 冬季补饲期的饲养（11～14 月龄）　育成羊在此期间不能掉膘还

要增加体重,因此必须提供大量营养,除日常放牧外,首先要保证有足够的青干草和青贮饲料的补充,一般每只羊每天补充青干草1千克或青贮2.5千克、混合精料0.2～0.3千克,补充食盐7克、石粉5克。育成种公羊的日粮定额比母羊高些。

③ 转群前的饲养（15～18月龄） 育成羊在这个阶段已接近发情配种期,而此时正值晚春期,放牧时应防止"跑青"并持续补饲,直到放牧能够完全吃饱时才停止补饲。

第五章 毛绒羊的饲料配制技术

羊毛、羊绒是毛纺工业的重要原料，其质量对毛绒织物的品质有着直接的影响。了解羊毛羊绒性质和生产原理，对科学饲养毛绒用羊、提高毛绒产量和品质具有重要意义。羊毛羊绒的生长发育有其特殊的规律，毛绒用羊对营养也有一些特殊的要求。本章将从我国羊毛及羊绒的生产现状、我国细毛羊和绒山羊的特点、羊毛及羊绒的性质、非产毛期饲料配制和产毛期饲料配制等方面，对我国毛绒用羊的饲料配制技术进行说明。

第一节 我国羊毛及羊绒的生产现状

我国是羊毛产品生产、销售和消费大国，羊毛产业在我国畜牧业中占有重要的地位。在我国的一些养羊大省，羊毛（绒）产业既是优势产业，又是广大牧区居民赖以生存的主要行业，具有十分重要的社会和经济地位。

据统计，截止到 2004 年，全国污毛产量 373902 吨，比上年增长 10.06%。其中细毛产量 130413 吨，比上年增长 8.44%，占羊毛总产量的 34.9%；半细毛产量 119514 吨，比上年增长 8.4%，占羊毛总产量的 31.9%。内蒙古、新疆、甘肃、青海、宁夏五省（区）合计产毛 216043 吨，占全国产量的 57.8%。我国的羊毛产量在世界上仅次于澳大利亚和新西兰，排名第三，堪称世界产毛大国。

我国自产羊毛合净毛 14 万吨左右，约能满足需要量的 40%。60% 左右的用毛依靠国外供给。2001 年至 2005 年，我国年平均进口羊毛、毛条合计为 25.59 万吨，基本与需求相适应，这是近几年来羊毛市场基本稳定的重要原因。由于我国对外羊毛的依存度大，因此，我国也是世界上羊毛进口大国。

据海关统计，我国 2011 年第一季度羊毛贸易依然以进口为主，我国进口原毛约6.87万吨,同比减少2.54%。按进口国家统计,我国进口羊毛量最多的国家依然是澳大利亚,一季度我国进口澳毛约5万吨,与去年同比增长13.9%。

就山羊绒来看,世界山羊绒生产国主要有中国、蒙古国、伊朗、印度、阿富汗和土耳其等国,其中我国产量占世界总产量16000～17000吨的50%～60%,而且质量也最好。中国绒山羊约占山羊总数的46%,产绒量居世界首位,贸易量占世界贸易量的70%。

第二节　我国细毛羊和绒山羊的特点

我国的细毛羊品种多不是地方品种,而是引进的国外细毛羊与本地羊杂交得到,在20世纪60～80年代育成了很多适合中国气候和生产需要的细毛羊品种,其中比较优秀的有中国美利奴羊、东北细毛羊、新疆细毛羊、内蒙古细毛羊和敖汉细毛羊等。

一、我国细毛羊的品种和分布特点

1. 中国美利奴羊

中国美利奴羊简称中美羊,是我国在引入澳洲美利奴羊的基础上,于1985年培育成的第一个毛用细毛羊品种。中国美利奴羊由内蒙古的嘎达苏种畜场、新疆的巩乃斯种羊场、紫泥泉种羊场和吉林的查干花种羊场育成的,按育种场所在地区,分为新疆型、军垦型、科尔沁型和吉林型4类。

中国美利奴羊与其他细毛羊相比有其独特的特点。公羊有螺旋形角,少数无角,颈部有1～2个横皱;母羊无角,颈部有发达的纵皱。中国美利奴羊体躯呈长方形,公、母羊躯体部无明显褶皱,头毛密长,着生至眼线,鬐甲宽平,胸宽深,背平直,尻宽平,后躯丰满,肢势端正,被毛白色。

中国美利奴羊的毛产量和质量已达到国际同类细毛羊的先进水平,也是我国目前最为优良的细毛羊品种。该品种与各地细毛羊杂交,对体形、毛长、净毛率、净毛量、羊毛弯曲、油汗、腹毛的提高和改进均有显著效果,表明其遗传性较稳定,对提高我国现有细毛羊的毛被品质和羊毛产量具有重要的影响。

2. 东北细毛羊

东北细毛羊原产于东北，是肉毛兼用细毛羊品种，于1967年育成，松辽平原是东北细毛羊的产地。东北细毛羊体质结实，结构匀称。公羊体重100千克左右，母羊体重51千克左右。公羊有螺旋形角，母羊无角，公羊颈部有1～2个横皱褶，母羊有发达的纵皱褶。被毛白色，有中等以上密度，体侧毛长达7厘米以上，细度60～64支。弯曲明显，匀度均匀，油汗含量适中，呈白色或浅黄色，净毛率为35%～40%。

东北细毛羊遗传性稳定，杂交改良效果显著，已推广到北方各地。在黑龙江省主要分布在嫩江、绥化、大庆、黑河等地草原上，全省有东北细毛羊250多万只，最高饲养量近400万只。

3. 新疆细毛羊

新疆毛肉兼用细毛羊，简称新疆细毛羊。该品种原产于新疆伊犁地区巩乃斯种羊场，是我国于1954年育成的第一个毛肉兼用细毛羊品种，用高加索细毛羊公羊与哈萨克母羊、泊列考斯公羊与蒙古羊母羊进行复杂杂交培育而成。其体形较大，胸部宽深，背腰平直，体躯长深无皱，后躯丰满，肢势端正。成年种公羊平均产毛量为12.42千克，净毛重6.32千克，净毛率50.88%。成年母羊年平均产毛量为5.46千克，净毛重2.95千克，净毛率52.28%。新疆细毛羊的羊毛细度、强度、伸长度、弯曲度、密度、油汗和色泽等方面，都达到了很高的标准。

1999年，新疆优质细羊毛生产者协会申请注册了具有自主知识产权、也是国内第一个细羊毛品牌——"萨帕乐"。该品牌细羊毛产品连续两年荣获"中国国际农业博览会名牌产品"称号，成为国内最好的优质细羊毛产品。2003年在南京国际羊毛拍卖会上，540吨新疆"萨帕乐"优质细羊毛产品一举赢得国内15年来的最高价格，首次与世界有名的澳大利亚羊毛价格持平，其中10.6吨羊毛原包装出口到德国。

在推广"萨帕乐"优质羊毛产品中，主要做法是以"公司＋科技＋品牌＋基地＋市场"的产业化模式，通过科学实施、全面推广以"机械剪毛、分级整理、规格打包、客观检验"等技术手段为主要内容的羊毛采集现代化管理技术，分别建立了"萨帕乐"优质种羊生产特区和细型细毛羊繁育基地，在国内首次将细毛羊穿衣技术推广到十多个县，农场绵羊穿衣规模达25万只以上，产生了巨大的经济效益。

4. 内蒙古细毛羊

内蒙古毛肉兼用细毛羊，也叫内蒙古细毛羊，内蒙古细毛羊原名锡林郭勒盟细毛羊，是在锡林郭勒盟生态条件下经多年培育而成的毛肉兼用型品种。内蒙古细毛羊成年公、母羊平均体重分别为91.4千克和45.9千克，公羊有螺旋形角，颈部有1~2个完全或不完全的皱褶；母羊无角或有小角，颈部有裙形皱褶。头大小适中，背腰平直，胸宽深，体躯长。成年公、母羊剪毛量分别为11.0千克和5.5千克，净毛率为38.0%~50.0%。成年公羊毛长度平均为10.0厘米以上，母羊为8.5厘米。羊毛细度60~70支纱，其中以64支、66支为主。内蒙古细毛羊毛品质良好、产肉性能高、遗传性稳定，在终年大群放牧条件下，具有很好的适应性，在内蒙古地区广泛饲养。

5. 敖汉细毛羊

敖汉细毛羊是由蒙古羊与高加索细毛羊、斯达夫细毛羊杂交培育，于1982年育成的新品种，主要分布于内蒙古赤峰市一带。敖汉细毛羊体高67~79厘米，体长69~81厘米，体重50~91千克。公羊体大，鼻梁微隆，大多数有螺旋形角。母羊一般无角，或有不发达的小角。被毛白色，为同质毛。多数羊的颈部有纵皱褶，少数羊的颈部有横皱褶。敖汉细毛羊具有适应性强、体质结实、体格大、抓膘快、繁殖率高等优点，适于干旱沙漠地区饲养，是较好的毛肉兼用细毛羊品种。但尚需进一步提高净毛产量、羊毛长度等综合品质，使其在干旱生态条件下更能显示其品种特性。

二、我国绒山羊的品种和分布特点

我国的绒山羊品种主要有：辽宁绒山羊、内蒙古白绒山羊、河西绒山羊和陕北白绒山羊等。

1. 辽宁绒山羊

辽宁绒山羊主要分布于辽东半岛，是我国优良的地方品种。辽宁绒山羊体格较大，体质结实，结构匀称，公母均有角，有髯，公羊角大，向后外方伸展，母羊多板角。颈肩结合良好，背腰平直，后躯发达，尾短瘦、上翘。毛色白，外层为粗毛，光泽强，内层为绒毛。成年公、母羊平均体重为52千克和26千克，产绒量为570克和490克，剪毛量平均为470克和490克。山羊绒的自然长度为5.5厘米左右，拉直长度为8~

9厘米，细度平均为16.5微米，净绒率为70%以上，粗毛长度为16.5～18.5厘米。母羊产羔率110%～120%，成年公羊屠宰率为50%左右。

2. 内蒙古白绒山羊

内蒙古白绒山羊是绒肉兼用型地方品种，按其产区可分为阿尔巴斯、二郎山和阿拉善地区白绒山羊。内蒙古白绒山羊体质结实，公母羊均有角，公羊角粗大，向上向后外延伸，母羊角相对较小，体躯深长，背腰平直，整体似长方形。全身被毛纯白，外层为粗毛、内层为绒毛。成年公母羊体重分别为46.9千克和33.3千克；平均剪毛量为570克和257克；产绒量为385克和305克；绒毛长度公母羊平均为7.6厘米和6.6厘米。绒毛细度公母羊分别为14.6微米和15.6微米。

3. 河西绒山羊

河西绒山羊产于甘肃省河西走廊的武威、张掖、酒泉三地区，以甘肃肃北蒙古族自治县和肃南裕固族自治县为集中产区，产区大部分属于荒漠和半荒漠地带。河西绒山羊体格中等，体形紧凑，公母均有直立的扁角，公羊角粗长，略向外伸展，体躯似长方形，被毛以纯白居多，约占60%以上，其他还有黑色、青色、棕色和杂色。外层为粗毛，内层为绒毛。成年公、母羊平均体重为38.5千克和26.0千克，成年公、母羊产毛量分别为316.7克和382.6克，产绒量分别为323.5克和279.9克。绒的长度，公羊平均为4.9厘米，母羊为4.3厘米。母羊年产一胎，一胎一羔，产双羔者极少。

4. 陕北白绒山羊

陕北白绒山羊是以产绒为主、绒肉兼用型绒山羊品种，于2003年农业部审定公布。主要分布在陕西榆林、延安两市的榆阳、横山、靖边等县区。成年公母羊平均体重为45.6千克和30.9千克。成年公羊平均产绒量为723.81克，最高个体纪录为1600克，成年母羊平均产绒量430.37克，最高纪录为1041克。羊绒自然长度为5厘米以上，细度14.5微米，净绒率为61.87%。与国内其他绒山羊品种比较，具有单位体重产绒量高的特点，单位体重产绒量成年公羊为17.57克，成年母羊为15.0克；并且羊绒细度、长度两个性状结合表现较好，自然长度5厘米以上且细度15微米以内的纤维占到81.2%；同时，在群体中存在多绒型个体的特殊类型，约占群体的11.4%。多绒型成年公母羊产绒量分别为1032克、667.9克，绒自然长度分别为7.2厘米、5.7厘米，绒纤维细度 14.5 微米。

第三节 羊毛及羊绒的性质

一、羊毛及羊绒的分类和结构特点

毛是动物皮肤毛囊长出的纤维。根据有无髓层又可分为有髓毛和无髓毛两类。有髓毛也叫发毛，由鳞片层、皮质层和髓质层 3 层细胞构成。鳞片层具有保护作用，其形状和排列可影响羊毛的吸湿、毡结和反射光线的能力。皮质层连接于鳞片层下，与毛纤维的强度、伸度和弹性有关，羊毛愈细其所占比例愈大。髓质层是有髓毛的主要特征，位于毛的中心部分，由结构疏松充满空气的多角形细胞组成，作横切面在显微镜下观察，很易区别其发育程度。髓质层愈发达，则纤维直径愈粗，工艺价值愈低。正常的有髓毛直径变异较大，一般为 40～120 微米。有髓毛在整个被毛中的含量及其细度是评价粗毛品质好坏的重要指标之一。有髓毛的工艺价值低于无髓毛，含有有髓毛的羊毛只能用于织造粗纺织品。无髓毛又叫绒毛，一般较细、较短、弯曲多而整齐，无髓质。

按毛纤维的生长特性、组织构造和工艺特性，可分绒毛、发毛、两型毛、刺毛和犬毛。其中刺毛是生长在颜面和四肢下端的短毛，无工艺价值；犬毛是细毛羔羊胚胎发育早期由初生毛囊形成的较粗的毛，在哺乳期间逐渐被无髓毛所代替。因此可用做毛纺原料的只有绒毛、发毛和两型毛 3 种基本类型。

按毛被所含纤维成分分同型毛和混型毛。同型毛也叫同质毛，指个毛丛由同一类型的纤维组成，其纤维细度和长度以及其他外观表征基本相同，包括细毛、半细毛和高代改良毛。混型毛也叫异质毛，这种毛由各种不同类型的毛纤维所组成，包括粗毛和低代改良毛，纤维粗细长短不一致，纺织价值较低，主要用作毛毯、地毯及毡制品原料。

二、羊毛的理化性质

1. 物理性质

羊毛的物理性质指标主要有细度、长度、弯曲、强伸度、弹性、毡合性、吸湿性、颜色和光泽等。

(1) 细度 是确定毛纤维品质和使用价值的重要工艺特性,一般用纤维横断面的直径大小以微米为单位来表示,细度越小,支数越高,纺出的毛纱越细,所以细度在毛纺工业中是衡量羊毛品质的最重要的物理指标之一。品质支数也是国内外应用比较广泛的羊毛工艺性细度指标,在公制中是以1千克净毛能纺出1000米长度的毛纱数为计量,能纺出多少根1000米长的毛纱,就叫多少支。羊毛越细,单位重量的羊毛纺出的毛纱根数越多,纺出的毛纱越长,因此,细度越小的羊毛,品质支数越高。细毛羊品种的羊毛细度一般在60~80支,以60~64支最多,半细毛羊品种羊毛细度变异较大,一般为32~58支。

(2) 长度 包括自然长度和伸直长度,前者是指毛束两端的直线距离,后者是将纤维拉直测得的长度。细毛的延伸率在20%以上,半细毛为10%~20%。在细度相同的情况下,羊毛愈长,纺纱性能愈高,成品的品质愈好。

(3) 弯曲 被广泛用做估价羊毛品质的依据,弯曲形状整齐一致的羊毛,纺成的毛纱和制品手感松软,弹性和保暖性好。细毛弯曲数多而密度大,粗毛的发毛呈波形或平展无弯。

(4) 强伸度 对成品的结实性有直接影响。强度指羊毛对断裂的应力,伸度指由于断裂力的作用而增加的长度。各类羊毛的断裂强度有很大差异。同型毛的细度与其绝对强度成正比,毛愈粗其强度愈大。有髓毛的髓质愈发达,其抗断能力愈差。羊毛的强伸度一般可达20%~50%。

(5) 弹性 可使制品保持原有形式,是地毯和毛毯用毛不可缺少的特性。

(6) 其他特性 羊毛的毡合性和吸湿性一般较优良。光泽常与纤维表面的鳞片覆盖状态有关,细毛对光线的反射能力较弱,光泽较柔和;粗毛的光泽强而发亮。弱光泽常因鳞片层受损所致。

2. 化学性质

羊毛的主要成分为角蛋白,并有少量的脂肪和矿物质,蛋白质由多种 α-氨基酸残基构成。羊毛角蛋白质可分为高硫蛋白质、低硫蛋白质和高酪蛋白质三类,含量分别为60%、18%~35%和1%~12%。低硫蛋白质存在于微原纤维中,含有羊毛中全部的蛋氨酸和大部分赖氨酸,高硫蛋白质是包围微原纤维的主要蛋白质,含有胱氨酸、脯氨酸和丝氨酸。高酪氨酸蛋白质主要存在于纤维皮质细胞间质中,酪氨酸和谷氨酸含量高。

山羊绒毛化学组成与细毛绵羊品种相似。山羊绒干物质由90%～98%的角蛋白和1%的脂肪以及多糖、核酸残余物及矿物质组成。绒毛纤维角蛋白质中α-角蛋白质、β-角蛋白质和γ-角蛋白质分别为8.48%～62.25%、9.86%～13.70%和25.45%～31.14%。绒毛纤维角蛋白质中含硫量较高，高达3.39%，而含氮量仅为14.44%～14.81%，低于蛋白质的平均含氮量。

羊毛耐酸不耐碱，是由于碱容易分解羊毛胱氨酸中的二硫键，使毛质受损。氧化剂也可破坏二硫基而损害羊毛。

第四节　非产毛期饲料配制技术

非产毛期主要是指羔羊哺乳期。羔羊的培育，不仅影响其生长发育，而且可以影响其主要器官的发育和机能。毛囊的发育在羔羊出生后的两个月内完成，并在以后时期逐渐趋向成熟，哺乳期的营养水平通过影响毛囊而影响其生产力。羔羊适应性差，抗病力弱，消化机能发育不完全。它的营养方式，从血液营养到乳汁营养再到以草料为主，变化很大。不同的日粮类型、营养水平、管理方法，对它的生长发育、体质类型和后期生产性能发挥影响很大，因此，该阶段的科学饲养非常重要。

一、毛用羊羔羊的推荐饲料配方（配方1～7）

配方1　羔羊（绵羔）混合精料饲料配方

原料名称	配比/%	营养成分	含量
玉米	60	干物质/%	86.84
大豆粕	20	粗蛋白/%	18.37
小麦麸	6	粗脂肪/%	2.89
菜籽粕	5	粗纤维/%	3.84
向日葵仁粕	5	钙/%	0.79
石粉	1.2	磷/%	0.61
磷酸氢钙	1	食盐/%	0.78
预混料	1	消化能/(兆焦/千克)	13.02
食盐	0.8		
合计	100		

注：饲喂量为每只每天0.15～0.23千克，另加青干草0.5～1千克或青贮料1.5～2千克。

配方 2　毛用型哺乳期羔羊补饲精料配方（一）

原料名称	配比/%	营养成分	含量
玉米	75	干物质/%	86.59
大豆粕	21	粗蛋白/%	15.56
石粉	1.2	粗脂肪/%	3.10
磷酸氢钙	1	粗纤维/%	2.27
预混料	1	钙/%	0.74
食盐	0.8	磷/%	0.50
		食盐/%	0.78
		消化能/(兆焦/千克)	13.53
合计	100		

注：饲喂量为哺乳前期100～200克/头·天，后期200～300克/头·天，同时供应优质干草，任其自由采食。

配方 3　毛用型哺乳期羔羊补饲精料配方（二）

原料名称	配比/%	营养成分	含量
高粱	75	干物质/%	86.59
大豆粕	21	粗蛋白/%	15.78
石粉	1.2	粗脂肪/%	2.95
磷酸氢钙	1	粗纤维/%	2.12
预混料	1	钙/%	0.82
食盐	0.8	磷/%	0.57
		食盐/%	0.78
		消化能/(兆焦/千克)	12.62
合计	100		

注：饲喂量为哺乳前期100～200克/头·天，后期200～300克/头·天，自由采食优质干草。

配方 4　羔羊早期补饲日粮配方

原料名称	配比/%	营养成分	含量
玉米	50	干物质/%	84.63
大豆粕	22	粗蛋白/%	17.25
苜蓿草粉	20	粗脂肪/%	2.74
糖蜜	5	粗纤维/%	7.04
磷酸氢钙	1	钙/%	0.62
食盐	1	磷/%	0.48
预混料	1	食盐/%	0.98
		消化能/(兆焦/千克)	13.48
合计	100		

配方 5　羔羊补饲日粮配方

原料名称	配比/%	营养成分	含量
玉米	40	干物质/%	86.94
大麦(裸)	36	粗蛋白/%	14.03
小麦麸	10	粗脂肪/%	2.78
大豆粕	10	粗纤维/%	2.76
磷酸氢钙	1	钙/%	0.66
石粉	1	磷/%	0.57
食盐	1	食盐/%	0.98
预混料	1	消化能/(兆焦/千克)	13.10
合计	100		

注：1. 大麦、燕麦可用玉米替代，豆饼可用葵花饼部分替代。

2. 每千克日粮中可加金霉素或土霉素 15~25 毫克。

3. 苜蓿干草单喂，自由采食。石灰石粉可与豆饼等蛋白质饲料混拌，加在整粒谷物上饲喂。

4. 42 日龄以内要碾碎，42 日龄后要整喂。

配方 6　羔羊混合精料配方

原料名称	配比/%	营养成分	含量
玉米	56	干物质/%	86.78
大豆粕	30	粗蛋白/%	19.04
小麦麸	10	粗脂肪/%	2.98
磷酸氢钙	1	粗纤维/%	3.32
石粉	1	钙/%	0.71
食盐	1	磷/%	0.60
预混料	1	食盐/%	0.98
		消化能/(兆焦/千克)	13.26
合计	100		

配方 7　断奶羔羊补饲日粮

原料名称	配比/%	营养成分	含量
玉米秸	40	干物质/%	88.36
苜蓿草粉	25	粗蛋白/%	14.73
玉米	22	粗脂肪/%	1.93
棉籽粕	7	粗纤维/%	17.60
小麦麸	2	钙/%	0.82
尿素	1	磷/%	0.37
磷酸氢钙	1	食盐/%	0.49
预混料	1	消化能/(兆焦/千克)	10.06
石粉	0.5		
食盐	0.5		
合计	100		

二、绒山羊羔羊的饲料配方（配方8～9）

配方8　绒山羊羔羊精料配方

原料名称	配比/%	营养成分	含量
玉米	60	干物质/%	78.91
大豆粕	20	粗蛋白/%	17.38
干啤酒糟	9	粗脂肪/%	3.41
小麦麸	7	粗纤维/%	3.78
磷酸氢钙	1	钙/%	0.70
石粉	1	磷/%	0.56
食盐	1	食盐/%	0.98
预混料	1	消化能/(兆焦/千克)	13.43
合计	100		

配方9　绒山羊羔羊精料配方

原料名称	配比/%	营养成分	含量
玉米	50.5	干物质/%	83.41
大豆粕	23	粗蛋白/%	18.20
小麦麸	18	粗脂肪/%	3.22
干啤酒糟	4	粗纤维/%	4.11
石粉	1.5	钙/%	0.88
磷酸氢钙	1	磷/%	0.63
食盐	1	食盐/%	0.98
预混料	1	消化能/(兆焦/千克)	13.08
合计	100		

三、绒山羊非产绒期饲料配方（配方10～11）

绒山羊产羊绒具有明显的季节性，山羊绒生长是在夏至后当日照由长变短时开始生长，随日照长度递减，生长加快，冬至后，日照由短变长，羊绒生长缓慢并逐渐停止生长，最长时期是在9～11月份。研究表明，不同品种在同一气候条件下绒毛开始生长时间不同，但结束时间基本一致，都在翌年2月份。在非产绒期，日粮组合有其自身的一些特点。

配方10 绒山羊非生绒期精料配方

原料名称	配比/%	营养成分	含量
玉米	61	干物质/%	86.79
小麦麸	25	粗蛋白/%	13.32
大豆粕	9.5	粗脂肪/%	3.35
石粉	1.5	粗纤维/%	3.69
磷酸氢钙	1	钙/%	0.84
食盐	1	磷/%	0.62
预混料	1	食盐/%	0.98
		消化能/(兆焦/千克)	13.02
合计	100		

配方11 绒山羊非生绒期饲粮配方

原料名称	配比/%	营养成分	含量
羊草	70	干物质/%	90.26
玉米	15	粗蛋白/%	9.94
小麦麸	7.2	粗脂肪/%	3.44
大豆粕	5.4	粗纤维/%	21.74
食盐	1	钙/%	0.40
预混料	1	磷/%	0.31
磷酸氢钙	0.24	食盐/%	0.98
石粉	0.16	消化能/(兆焦/千克)	8.48
合计	100		

第五节 产毛产绒期饲料配制技术

一、毛用羊育成羊的饲料配方（配方12～15）

羔羊在3～4月龄时断奶，到第一次交配前这个阶段叫育成羊。羔羊离乳后，根据生长速度越快需要营养物质越多的规律，推荐配方如下。

配方12 毛用型育成羊冬春补饲精料配方

原料名称	配比/%	营养成分	含量
玉米	38	干物质/%	65.38
米糠	25	粗蛋白/%	19.18
干啤酒糟	25	粗脂肪/%	7.19

续表

原料名称	配比/%	营养成分	含量
棉籽粕	7	粗纤维/%	6.02
石粉	1.5	钙/%	0.76
尿素	1	磷/%	0.74
食盐	1	食盐/%	0.98
预混料	1	消化能/(兆焦/千克)	13.39
磷酸氢钙	0.5		
合计	100		

注：表中玉米也可换作高粱，高粱须是脱壳的。表中米糠也可换作小麦麸。

配方 13　毛用型育成羊冬春补饲精料配方

原料名称	配比/%	营养成分	含量
脱壳高粱	45	干物质/%	87.09
小麦麸	30	粗蛋白/%	19.29
大豆粕	10	粗脂肪/%	2.99
向日葵仁粕	10	粗纤维/%	5.29
石粉	1.5	钙/%	0.79
尿素	1	磷/%	0.69
食盐	1	食盐/%	0.98
预混料	1	消化能/(兆焦/千克)	11.73
磷酸氢钙	0.5		
合计	100		

注：表中脱壳高粱也可换作玉米，麦麸可换作米糠。

配方 14　毛用型育成羊冬春补饲精料配方

原料名称	配比/%	营养成分	含量
蚕豆	40	干物质/%	85.02
小麦秕壳	35	粗蛋白/%	20.68
菜籽粕	10	粗脂肪/%	0.74
糖蜜	10	粗纤维/%	14.04
尿素	1.5	钙/%	0.77
石粉	1	磷/%	0.59
食盐	1	食盐/%	0.98
预混料	1	消化能/(兆焦/千克)	12.86
磷酸氢钙	0.5		
合计	100		

注：表中蚕豆也可换作豌豆。

配方 15　毛用型育成羊冬春补饲精料配方

原料名称	配比/%	营养成分	含量
燕麦	48.5	干物质/%	90.75
小麦麸	20	粗蛋白/%	19.97
向日葵仁粕	20	粗脂肪/%	4.47
大豆粕	7	粗纤维/%	9.99
石粉	1.5	钙/%	0.81
食盐	1	磷/%	0.73
预混料	1	食盐/%	0.98
尿素	0.5	消化能/(兆焦/千克)	11.98
磷酸氢钙	0.5		
合计	100		

注：表中燕麦可换作小麦、大麦等禾本科谷物。

二、绒山羊育成羊的饲料配方（配方 16～17）

根据绒生长具有季节性的特点，最好从 8 月份开始补饲，加强饲粮的营养成分，特别是加强 8～11 月份的精料饲喂，能有效地提高山羊的产绒量。具体补饲量应根据羊的生产性能、放牧地的条件及生理状态等确定。

配方 16　绒山羊育成羊精料配方

原料名称	配比/%	营养成分	含量
玉米	65	干物质/%	78.86
大豆粕	15	粗蛋白/%	15.66
干啤酒糟	9	粗脂肪/%	3.49
小麦麸	7	粗纤维/%	3.61
磷酸氢钙	1	钙/%	0.68
石粉	1	磷/%	0.55
食盐	1	食盐/%	0.98
预混料	1	消化能/(兆焦/千克)	13.46
合计	100		

配方 17　绒山羊育成羊精料配方

原料名称	配比/%	营养成分	含量
玉米	50	干物质/%	86.84
小麦麸	28	粗蛋白/%	16.49
大豆粕	18	粗脂肪/%	3.23

续表

原料名称	配比/%	营养成分	含量
磷酸氢钙	1	粗纤维/%	4.21
石粉	1	钙/%	0.69
食盐	1	磷/%	0.67
预混料	1	食盐/%	0.98
		消化能/(兆焦/千克)	12.97
合计	100		

三、毛用羊空怀期的饲料配方（配方 18～19）

空怀期羔羊已断乳，母羊也已停止泌乳，但为了维持正常的生命活动，必须从饲料中吸收最低量的营养物质。推荐配方如下。

配方 18　活重 50 千克毛用和毛肉兼用母羊空怀期和妊娠前期典型日粮

原料名称	配比/千克	营养成分	含量
玉米青贮	2.5	干物质/(千克/天)	1.86
羊草	0.8	粗蛋白/(克/天)	172.23
玉米秸	0.4	粗脂肪/(克/天)	48.80
菜籽粕	0.1	粗纤维/(克/天)	523.81
大麦	0.1	钙/(克/天)	8.63
磷酸氢钙	0.01	磷/(克/天)	5.95
食盐	0.01	食盐/(克/天)	9.80
		消化能/(兆焦/天)	17.08
合计	3.92		

配方 19　活重 50 千克的肉毛兼用母羊空怀期和妊娠前半期日粮

原料名称	配比/千克	营养成分	含量
玉米青贮	3	干物质/(千克/天)	1.60
羊草	0.8	粗蛋白/(克/天)	152.83
亚麻仁粕	0.1	粗脂肪/(克/天)	48.60
大麦	0.1	粗纤维/(克/天)	455.11
食盐	0.01	钙/(克/天)	6.50
		磷/(克/天)	4.48
		食盐/(克/天)	9.80
		消化能/(兆焦/天)	14.85
合计	4.01		

四、绒山羊空怀期的饲料配方（配方20~21）

配方20 绒山羊空怀期母羊精料配方

原料名称	配比/%	营养成分	含量
玉米	56.5	干物质/%	86.83
小麦麸	30	粗蛋白/%	12.50
亚麻仁粕	5	粗脂肪/%	3.35
豌豆	5	粗纤维/%	4.28
石粉	1.5	钙/%	0.72
预混料	1	磷/%	0.58
磷酸氢钙	0.5	食盐/%	0.49
食盐	0.5	消化能/(兆焦/千克)	13.06
合计	100		

配方21 绒山羊怀孕前期精料配方

原料名称	配比/%	营养成分	含量
玉米	67	干物质/%	86.63
小麦麸	15.5	粗蛋白/%	14.28
大豆粕	14	粗脂肪/%	3.28
石粉	1.5	粗纤维/%	3.17
预混料	1	钙/%	0.72
磷酸氢钙	0.5	磷/%	0.49
食盐	0.5	食盐/%	0.49
		消化能/(兆焦/千克)	13.33
合计	100		

五、毛用羊母羊的妊娠期和泌乳期的饲料配方（配方22~33）

一般妊娠期为150天，可分为妊娠前期和妊娠后期。妊娠前期是受胎后的3个月，胎儿发育较慢，营养需要与空怀期相似，一般饲养（或放牧）即可满足需要。秋季配种以后牧草处于青草期或已结籽，营养丰富，不需要补喂饲料。若配种季节较晚，牧草已枯黄，则应补喂青干草。妊娠后期是妊娠最后的两个月,胎儿生长迅速,增重约占初生体重的80%,这一阶段需要全价营养。妊娠后期正值枯草期,营养不足,母羊体重下降,影响胎儿发育,羔羊初生体重小,体温调节机能不完善,抵抗力弱,容易死亡。特别对肉用羊影响很大,关系到胎儿发育,以及羔羊出生后生长速度的提高。因此,该阶段需足量的营养物质,能量代谢水平应提高15%~20%。磷和钙的需要应增加40%~50%,而且钙磷比例以2:1为适当。足量的维生素A和维生素D是妊娠后期不可缺少的。

哺乳期一般为90~120天,分为哺乳前期和哺乳后期。哺乳前期即羔羊生后两个月,营养主要依靠母乳。如果母羊营养差,泌乳量必然减少,同时影响羔羊的生长发育。母羊自身消耗大,体质很快削弱,直接影响到羔羊增重。肉羔一般日增重250克不等,但每增重10克约需母乳500克,而生产500克羊乳,需要0.3千克风干饲料,即33克蛋白质、1.2克磷及1.8克钙。母羊的泌乳期营养要依哺乳的羔羊数而定。产双羔的母羊每天补给精料0.4~0.5千克,苜蓿干草1千克。产单羔母羊补给精料0.3~0.5千克,苜蓿干草0.5千克。不论母羊产单羔还是双羔,均应补给多汁饲料1.5千克。

妊娠期和泌乳期的母羊,所需的营养素不但要满足自身的维持需要,还要维持胎儿的生长或泌乳,总的来看其能量和营养都消耗很大,需要格外小心饲养。在此给出一些推荐配方以供参考。

配方22 繁殖绵羊混合精料饲料配方

原料名称	配比/%	营养成分	含量
玉米	55	干物质/%	86.95
小麦麸	15	粗蛋白/%	17.12
大豆粕	10	粗脂肪/%	2.94
向日葵仁粕	10	粗纤维/%	4.91
菜籽粕	6	钙/%	0.78
石粉	1.2	磷/%	0.68
磷酸氢钙	1	食盐/%	0.78
预混料	1	消化能/(兆焦/千克)	12.60
食盐	0.8		
合计	100		

注:每头每天饲喂量0.4~0.5千克,另加青干草1.5千克或青贮料5千克。

配方 23　毛用型妊娠母羊冬春补饲精料配方（一）

原料名称	配比/%	营养成分	含量
玉米	70	干物质/%	86.70
小麦麸	10	粗蛋白/%	11.70
苜蓿草粉	10	粗脂肪/%	3.25
菜籽粕	6	粗纤维/%	5.28
磷酸氢钙	1	钙/%	0.81
石粉	1	磷/%	0.53
食盐	1	食盐/%	0.98
预混料	1	消化能/(兆焦/千克)	12.88
合计	100		

注：妊娠前期100～200克/头·天，后期200～300克/头·天，冬春季节加倍供给。

配方 24　毛用型妊娠母羊冬春补饲精料配方（二）

原料名称	配比/%	营养成分	含量
小麦麸	25	干物质/%	87.59
碎米	25	粗蛋白/%	15.83
玉米	20	粗脂肪/%	2.66
蚕豆	20	粗纤维/%	4.62
大豆粕	6	钙/%	0.69
磷酸氢钙	1	磷/%	0.66
石粉	1	食盐/%	0.98
食盐	1	消化能/(兆焦/千克)	13.39
预混料	1		
合计	100		

注：表中蚕豆也可换作豌豆，碎米可以换作薯干。

配方 25　毛用型妊娠母羊冬春补饲精料配方（三）

原料名称	配比/%	营养成分	含量
玉米	40	干物质/%	84.44
粉渣	22	粗蛋白/%	11.57
小麦麸	15	粗脂肪/%	2.26
向日葵仁粕	10	粗纤维/%	5.30
糖蜜	8	钙/%	0.96
磷酸氢钙	1.5	磷/%	0.63
石粉	1.5	食盐/%	0.98
食盐	1	消化能/(兆焦/千克)	11.07
预混料	1		
合计	100		

配方 26　毛用型妊娠母羊冬春补饲精料配方（四）

原料名称	配比/%	营养成分	含量
大麦（裸）	80	干物质/%	85.24
大豆粕	6	粗蛋白/%	13.84
苜蓿草粉	5	粗脂肪/%	1.92
糖蜜	5	粗纤维/%	3.19
磷酸氢钙	1	钙/%	0.72
石粉	1	磷/%	0.53
食盐	1	食盐/%	0.98
预混料	1	消化能/(兆焦/千克)	12.03
合计	100		

配方 27　活重 50 千克毛用和毛肉兼用母羊妊娠后期典型日粮（每日每只）

原料名称	配比/千克	营养成分	含量
玉米青贮	2.5	干物质/(千克/天)	2.13
羊草	1	粗蛋白/(克/天)	202.80
玉米秸	0.3	粗脂肪/(克/天)	55.10
大麦	0.3	粗纤维/(克/天)	567.12
菜籽粕	0.1	钙/(克/天)	9.62
食盐	0.015	磷/(克/天)	6.90
磷酸氢钙	0.01	食盐/(克/天)	14.70
		消化能/(兆焦/天)	20.42
合计	4.225		

配方 28　活重 50 千克的肉毛兼用母羊妊娠后期日粮配方（每日每只）

原料名称	配比/千克	营养成分	含量
玉米青贮	2.5	干物质/(千克/天)	2.02
羊草	1.0	粗蛋白/(克/天)	250.90
亚麻仁粕	0.3	粗脂肪/(克/天)	56.40
大麦	0.3	粗纤维/(克/天)	505.22
食盐	0.01	钙/(克/天)	7.83
		磷/(克/天)	7.03
		食盐/(克/天)	9.80
		消化能/(兆焦/天)	20.41
合计	4.11		

配方 29　哺乳母羊精料配方

原料名称	配比/%	营养成分	含量
豌豆	76	干物质/%	87.90
玉米	20	粗蛋白/%	18.92
石粉	1.2	粗脂肪/%	1.56
磷酸氢钙	1	粗纤维/%	4.80
预混料	1	钙/%	0.76
食盐	0.8	磷/%	0.52
		食盐/%	0.78
		消化能/(兆焦/千克)	2.85
合计	100		

注：表中豌豆须是炒过的，炒豌豆也可换作炒蚕豆；表中玉米也可换作高粱，高粱须是脱壳的。饲喂量哺乳前期100~200克/头·天，后期200~300克/头·天，同时供优质干草，自由采食。

配方 30　毛用型泌乳母羊冬春补饲精料配方

原料名称	配比/%	营养成分	含量
玉米	51.5	干物质/%	87.46
小麦麸	23	粗蛋白/%	19.36
芝麻饼	11	粗脂肪/%	4.06
大豆粕	9.5	粗纤维/%	4.15
尿素	1	钙/%	0.90
磷酸氢钙	1	磷/%	0.71
石粉	1	食盐/%	0.98
食盐	1	消化能/(兆焦/千克)	13.04
预混料	1		
合计	100		

配方 31　毛用型泌乳母羊冬春补饲精料配方

原料名称	配比/%	营养成分	含量
大麦(裸)	60	干物质/%	84.97
苜蓿草粉	15	粗蛋白/%	19.23
棉籽粕	8	粗脂肪/%	1.82
大豆粕	6	粗纤维/%	6.15
糖蜜	6	钙/%	0.83
磷酸氢钙	1.5	磷/%	0.64
尿素	1	食盐/%	0.98
食盐	1	消化能/(兆焦/千克)	13.05
预混料	1		
石粉	0.5		
合计	100		

配方 32　哺乳羊混合精料配方

原料名称	配比/%	营养成分	含量
玉米	57	干物质/%	85.90
大豆粕	28	粗蛋白/%	18.29
小麦麸	10	粗脂肪/%	3.97
大豆油	1	粗纤维/%	3.23
磷酸氢钙	1	钙/%	0.70
石粉	1	磷/%	0.59
食盐	1	食盐/%	0.98
预混料	1	消化能/(兆焦/千克)	13.42
合计	100		

配方 33　哺乳羊日粮配方

原料名称	配比/%	营养成分	含量
玉米青贮	40	干物质/%	61.08
玉米	33	粗蛋白/%	7.81
苜蓿草粉	25	粗脂肪/%	2.08
预混料	1	粗纤维/%	9.69
磷酸氢钙	0.5	钙/%	0.55
食盐	0.5	磷/%	0.25
		食盐/%	0.49
		消化能/(兆焦/千克)	8.00
合计	100		

六、绒山羊母羊的妊娠期和泌乳期的饲料配方（配方 34~35）

绒山羊妊娠后期正处于寒冷枯草期，若饲养得不好，很容易掉膘。因此，对妊娠后期母羊除加强放牧运动外，应补饲一些优质青贮料及一些营养丰富的饲草饲料。每日应补青贮料 1.0~1.5 千克，多汁块根饲料 0.5 千克。有条件者应于产羔前两周开始饮豆汁水，有利于母羊泌乳。母羊在妊娠末期两个月的标准增重应达到 6~8 千克。

在哺乳期，尤其是哺乳前期，母乳是羔羊的主要营养来源。为提高母羊泌乳量，应加强哺乳期母羊的补饲。产单羔母羊每天补给精料 0.25~0.35 千克、青贮饲料 1.5~2.0 千克、豆科干草 0.5~1.0 千克、野干草 1.0~1.5 千克、胡萝卜 0.3~0.35 千克；产双羔的母羊精料补给量为 0.4～0.6 千克、胡萝卜 0.4～0.5 千克，其他饲料与产单羔母羊相同。待羔羊能采食较多的草料时，再逐渐降低母羊的饲养标准。

配方 34　绒山羊怀孕后期精料配方

原料名称	配比/%	营养成分	含量
玉米	63	干物质/%	86.67
大豆粕	18	粗蛋白/%	15.65
小麦麸	15.5	粗脂肪/%	3.21
石粉	1.5	粗纤维/%	3.31
预混料	1	钙/%	0.73
磷酸氢钙	0.5	磷/%	0.51
食盐	0.5	食盐/%	0.49
		消化能/(兆焦/千克)	13.30
合计	100		

配方 35　绒山羊泌乳期精料配方

原料名称	配比/%	营养成分	含量
玉米	65	干物质/%	86.65
大豆粕	16	粗蛋白/%	14.97
小麦麸	15.5	粗脂肪/%	3.25
石粉	1.5	粗纤维/%	3.24
预混料	1	钙/%	0.73
磷酸氢钙	0.5	磷/%	0.50
食盐	0.5	食盐/%	0.49
		消化能/(兆焦/千克)	13.32
合计	100		

七、毛用羊种公羊的饲料配方（配方 36～39）

种公羊在非配种季节，冬春枯草期除每天放牧 6～8 小时外，还应补饲 0.35～0.45 千克混合精料，1.0～1.5 千克青贮，0.8～1.0 千克优质干草或豆科牧草，0.3～0.5 千克胡萝卜。晚春及夏季青草期，除每天放牧 8～10 小时外，日补混合精料 0.25～0.30 千克。在配种季节，除放牧外，须日补混合精料 0.7～0.8 千克，牛奶 0.5 千克，鸡蛋 2～4 个，骨粉 10 克，食盐 15 克，胡萝卜、南瓜等多汁饲料 0.5～1.0 千克。对育成羊的补饲一般安排在越冬期，即 12 月至来年 4 月，一般日补混合精料 0.2～0.3 千克，青干草 1.0～1.5 千克。

配方 36　毛用羊种公羊饲料配方（一）

原料名称	配比/%	营养成分	含量
黑豆	40	干物质/%	89.12
玉米	36	粗蛋白/%	20.15
小麦麸	20	粗脂肪/%	7.87
石粉	1.5	粗纤维/%	6.05
食盐	1	钙/%	0.67
预混料	1	磷/%	0.64
磷酸氢钙	0.5	食盐/%	0.98
		消化能/(兆焦/千克)	14.64
合计	100		

注：表中黑豆须是炒过的，炒黑豆也可换作炒黄豆。表中玉米也可换作高粱，高粱须是脱壳的。表中小麦麸也可换作米糠。哺乳前期 100～200 克/头·天，后期 200～300 克/头·天，同时供给优质干草，任其自由采食。

配方 37　毛用羊种公羊饲料配方（二）

原料名称	配比/%	营养成分	含量
小麦	60	干物质/%	87.55
菜籽粕	21	粗蛋白/%	22.90
大豆粕	15	粗脂肪/%	1.60
磷酸氢钙	1	粗纤维/%	4.38
石粉	1	钙/%	0.88
食盐	1	磷/%	0.72
预混料	1	食盐/%	0.98
		消化能/(兆焦/千克)	13.09
合计	100		

注：表中小麦可换作燕麦、裸大麦等禾本科谷物，菜籽粕可换作胡麻粕；饲喂量哺乳前期 100～200 克/头·天，后期 200～300 克/头·天，同时供优质干草，任其自由采食。

配方 38　毛用、毛肉兼用、肉毛兼用品种种公羊
非配种期典型日粮（每日每只）（一）

原料名称	配比/千克	营养成分	含量
玉米青贮	1.5	干物质/(千克/天)	2.27
羊草	0.8	粗蛋白/(克/天)	289.17
大麦	0.5	粗脂肪/(克/天)	47.60

续表

原料名称	配比/千克	营养成分	含量
苜蓿干草	0.5	粗纤维/(克/天)	527.43
豌豆	0.3	钙/(克/天)	18.82
磷酸氢钙	0.015	磷/(克/天)	8.93
食盐	0.015	食盐/(克/天)	14.70
		消化能/(兆焦/天)	24.26
合计	3.63		

配方39 毛用、毛肉兼用、肉毛兼用品种种公羊配种期典型日粮（每日每只）（二）

原料名称	配比/千克	营养成分	含量
苜蓿干草	1	干物质/(千克/天)	2.65
大麦	0.8	粗蛋白/(克/天)	460.27
羊草	0.5	粗脂肪/(克/天)	37.30
向日葵仁粕	0.3	粗纤维/(克/天)	541.75
豌豆	0.3	钙/(克/天)	27.11
磷酸氢钙	0.015	磷/(克/天)	12.85
食盐	0.015	食盐/(克/天)	14.70
		消化能/(兆焦/天)	29.70
合计	2.93		

八、绒山羊种公羊的饲料配方（配方40）

配方40 绒山羊种公羊精料配方

原料名称	配比/%	营养成分	含量
玉米	50.5	干物质/%	83.41
大豆粕	23	粗蛋白/%	18.20
小麦麸	18	粗脂肪/%	3.22
干啤酒糟	4	粗纤维/%	4.11
石粉	1.5	钙/%	0.88
磷酸氢钙	1	磷/%	0.63
食盐	1	食盐/%	0.98
预混料	1	消化能/(兆焦/千克)	13.08
合计	100		

第六章 妊娠母羊和哺乳母羊的饲料配方

第一节 妊娠母羊饲养要点

一、妊娠母羊的生理特点

妊娠是母羊特殊的生理状态,由受精卵开始,经过发育,一直到成熟胎儿产出为止,所经历的这段时间称为妊娠期。妊娠期间,随着胚胎的发育,母羊的生殖器官和整个机体发生了一系列形态和生理的变化,以适应妊娠需要,同时也保持了机体内环境的稳定状态。母羊妊娠前期(妊娠前3个月)是胚胎形成阶段,胎儿的体重增加很少,主要是进行组织器官的分化,对营养物质的量的要求不高,但是要求严格的饲料质量和营养平衡。在生产中,妊娠前期的营养需要与空怀期大致相同,一般按维持水平饲养,但应补喂一定量的优质蛋白质饲料,以满足胎儿生长发育和组织器官对蛋白质的需要。妊娠后期,胚胎发育加快,为适应胎儿生长发育需要,母羊体内物质代谢急剧增强,表现为食欲增加,对饲料消化吸收能力增强。在正常饲养条件下,胎儿和母羊合计可增重7~8千克,怀双羔或三羔的甚至可增重15~20千克,其中纯蛋白质的总蓄积量可达1.8~2.4千克,80%是在妊娠后期蓄积的。妊娠后期的热能代谢,要比空怀母羊高出15%~20%。钙、磷需要也相应增加,维生素A和维生素D更不能缺乏,后者与钙、磷配合发挥作用,否则所产羔羊较弱,抵抗力差,母羊瘦弱,泌乳不足。

二、妊娠母羊的饲养管理

母羊配种后16~22天若不再发情,可初步判断已经妊娠,16~22天后可再进行试情,看是否发情,进一步确定。母羊的妊娠期为150天左右,可分为妊娠前期和妊娠后期。妊娠母羊营养的好坏,关系到羔羊的出生体重和羔羊毛的形成，也直接影响母羊的泌乳能力。

1. 妊娠前期

指妊娠的前3个月。这一时期，胎儿发育较慢，仅为初生重的20%～30%，所需的营养物质与空怀期无明显的差别，所以可以按照空怀期的饲养方式进行。但必须保证母羊所需营养物质的全价性，主要是保证此期母羊对维生素及矿物质元素的需要，以提高母羊的妊娠率。

保证母羊所需营养物质全价性的主要方法是对日粮进行多样搭配。对于放牧羊群，在青草季节，一般放牧即可满足，不用补饲。在枯草期，羊放牧吃不饱时，除补喂野干草或秸秆外，还应饲喂一些胡萝卜、青贮饲料等富含维生素及矿物质的饲料。对于舍饲母羊，妊娠前期可以在空怀期的基础上增加少量的精料，并保证饲料的多样搭配，切忌饲料过于单一，应该保证青绿多汁饲料或青贮饲料、胡萝卜等饲料的常年持续平衡供应。管理上，在夏季不要饲喂霉烂变质的饲料饲草；在冬季不要饲喂冰冻的饲草和霜草，不饮冰碴儿水以免发生流产。饲喂要定时定量并做到"六净"：料净、草净、水净、圈净、槽净、羊体净。要定期按防疫程序注射疫苗，随时观察羊群状态，发现病症及时处理。对患病的妊娠母羊，不要投喂泻剂、利尿剂、子宫收缩剂和其他烈性药，以免因用药不当而引起流产。

2. 妊娠后期

妊娠后期（分娩前2个月）的饲养管理是繁殖母羊饲养管理中的主要环节和重要时期。在此阶段胎儿的生长发育速度非常快，羔羊出生重的90%是在妊娠后期形成的，羊毛毛囊的形成也是在这一阶段。在此阶段的饲养管理好坏不仅影响胎儿的生长发育，影响羔羊的出生重和体质，影响羔羊生后的发育和生产性能的发挥，而且影响妊娠母羊产后的泌乳性能等。所以妊娠后期的饲养管理水平直接影响羔羊一生的生产性能，也影响羔羊早期断奶的效果。为了保证胎儿的正常发育，并为产后哺乳储备营养，应加强对妊娠后期母羊的饲养管理。此时，母羊对营养物质不仅需要较高的质量，需要的数量也远远超过妊娠前期。

在妊娠后期母羊的饲养上，要注意蛋白质、钙、磷的补充。妊娠后期每只每天的精料喂量约为0.6千克，精料中的蛋白质水平一般为15%～18%。能量水平不宜过高，若母羊过肥，则初始出现食欲不振，进而引起胎儿营养不良。一般舍饲饲养时，日喂青干草1.0～1.5千克，青贮料 1.0~1.2 千克，混合精料 0.6 千克。妊娠后期，一般母羊要增重 7~8 千克，其物质代谢和能量代谢比空怀母羊高 30%~40%。因母羊腹腔容积有限，对饲料干物质的采食量相对减少，饲喂饲料体积过大或水分含量过高的日粮均不能满足其营养需要。因此，对妊娠后期的母羊而言，除提高日粮的营养水平外，还应考虑日粮中的饲料种类，逐步提高精料的补饲分量，一般在产前 3 周可达日粮的 30% 左右。产前 1 周，适当减少精料比例，以免胎儿体重过大造成难产。

对于妊娠后期母羊的管理重点是保胎。特别是妊娠的最后 2 个月，胎儿较大，妊娠母羊行动不便，切忌在羊出入羊舍和采食的时候相互拥挤而造成流产。夏季要创造通风、凉爽的生活环境，采取搭建凉棚、早晚饲喂、改善羊舍的通风环境、满足饮水等措施，预防中暑。冬季要注意不要让妊娠母羊采食有霜冻、冰碴儿的饲草，不饮冰凉的水，最好饮温水。早上不过早让羊出户外，做好羊舍的保温工作。注意妊娠母羊的饲养密度，防止舍内拥挤。在羊群出牧、归牧、饮水、补饲时都要慢而稳，严防跳崖、跳沟，最好在较平坦的牧场上放牧。要有足够数量的草架、料槽及水槽，羊舍要保持温暖、干燥、通风良好。母羊在预产期前 1 周左右，可放入待产圈内饲养，适当进行运动。要对产房彻底消毒，门窗应装有纱网，避免蚊蝇和昆虫进入。垫好褥草，冬季产房的温度要在 5℃ 以上。临产前几天，不要远出放牧，应就近观察护理。不要将孕羊与公羊、成年羊等混合放牧，以防冲撞孕羊；也不要将孕羊与其他羊圈在一起吃草休息。注意妊娠母羊的环境卫生和疾病防治，对各种病羊要及时治疗，在妊娠的前期要对羊进行驱虫，怀孕后期不能驱虫和进行防疫注射。

第二节　妊娠母羊的配方设计要点

一、妊娠母羊的营养需要

羊对营养物质的需要可以划分为四个部分，即维持、生长、妊娠和泌乳。

1. 维持需要

羊为维持其正常生命活动而无任何生产活动所需要的营养。如空怀既不需妊娠也不泌乳,只从事采食、消化和排泄废物等最基本的生命活动,所需要的营养物质即为维持需要量。

(1) 对能量的需要　成年母羊的维持能量需要包括绝食代谢的能量、随意活动的增加量和抵抗必要应激环境所需要的能量等,其测定方法有绝食代谢加活动量法、比较屠宰试验法和回归法三种。研究表明,羊的维持能量需要是通过供能的形式维持正常体温,其数量与机体体表面积(而不是体重)成正比,如体重为64千克的羊所需的能量是体重为640千克奶牛的1/6,而不是1/10。

现已证明,由正常途径产生的热不足以维持羊正常体温时,机体会出现颤抖即从肌肉收缩而产生热量。引起羊颤抖的实际环境温度(临界温度)有很大差异,主要取决于活动状况、温度、气流、饲料摄取、体况和被毛厚度等。在热带气候环境中,饲养很好和圈舍适宜时很难达到临界温度,且有时维持需要而产生的体热可能超过身体需要,这些多余的热量不仅被浪费掉,还会使机体消耗更多的能量以散掉多余的热量。但在寒冷的环境中,很容易达到临界温度,此时需要供给羊更多的能量用于维持,肌肉颤抖是一种补热的方式,若长时间的剧烈颤抖仍不足以温暖畜体时,羊就会自行异常活动,这样会进一步增加能量需要和饲料成本。

处于不同生理阶段的羊对摄入能量的分配比例是不同的。空怀母羊体况良好时仅需要维持能量,其摄入量的100%将用于维持;泌乳初期的成年母羊至少需要摄入能量的30%用于维持,其余70%用于产奶;正在迅速生长的周岁母羊需要摄入能量的50%用于维持,50%用于生长。

羊的维持饲养离不开其他营养成分(如蛋白质、矿物质、水等)的适量摄入,但能量是所需养分中最多的。在典型日粮中,能量的存在形式是碳水化合物和少量脂肪。如果饲喂的蛋白质过多,则蛋白质将用作能量来源,这是一种损失。

(2) 对蛋白质的需要　在维持阶段,羊仅需要少量的蛋白质用于合成机体正常生命活动中不断被更新的各种体组织蛋白质,其需要量主要与体重和肌肉量有关。例如,成年羊每天需要的粗蛋白质量为每千克代谢体重($W^{0.75}$)4.17克;体重为45千克和68千克的山羊每天需要维持蛋白质136克和181克。

羊对供给的蛋白质品质要求不太高,因为瘤胃微生物可以把稍差的蛋白质转化为优质蛋白质(菌体蛋白)。但对于细胞利用效率来讲,维持需要的蛋白质应该是优质的,因为劣质的蛋白质(尤其是氨基酸不平衡时)被消化后难以有效地供给维持需要。

(3) 对矿物质的需要　在维持阶段里,羊不断地从粪中排出矿物质,如果从日粮中得不到补充,机体可能会动用骨骼或其他体组织中的矿物质。研究表明,常用的饲料可能缺少一种或多种矿物质元素,有必要将微量元素和钙磷补充料,混在日粮中给予或供自由采食。

(4) 对维生素的需要　与矿物质相同,羊机体亦需要各种水溶性和脂溶性维生素用于正常生命活动。羊瘤胃微生物可合成水溶性维生素(B族维生素和维生素C),通常可满足羊需要,因此饲料中无需补充。但在舍饲和饲草质量低下时,维生素A是首先要考虑补充的脂溶性维生素之一。

(5) 对水的需要　机体在维持状态下,其排尿、排粪、呼吸等都是水分排出的途径,失水量与体重、环境等因素有关。因此,每天保持供水(2~4次)对保持水的适当平衡是非常必要的。

2. 妊娠需要

妊娠前期供给胎儿生长的养分需求量不大,但在产前60~80天,胎儿生长发育加快,所需养分也随胎儿增大而急剧上升。此外,妊娠后期母羊体内的营养积蓄增加,且在产前养分贮积效率很高,这是满足母羊产后泌乳出现的摄入养分少于产出养分所做的必要储备。综合来看,母羊妊娠后期的能量代谢比空怀期营养高15%~20%,日粮中能量和可消化蛋白质供给量应在前期的基础上分别增加30%~40%和40%~50%,以及更多的钙、磷和维生素A等。

实践证明,妊娠早期营养供给不足,胎儿可能会被吸收或流产。但妊娠后期营养不足,则初生的羔羊初生重小,体质瘦弱,甚至死胎;若出现严重的营养障碍时,还会带来母羊体重下降,患骨骼疏松性疾病或分娩无力、难产等问题,还有可能造成下一个繁殖周期的发情异常。然而,需要注意的是,产前数周过量饲喂或过高的营养水平供给,则会引起胎儿过大而难产,间或会发生产后泌乳量减少。因此,保证妊娠期母羊全期的营养均衡供给,以及使其有一个良好的体况,是妊娠母羊的理想管理目标。

二、妊娠母羊的饲养标准

实践证明,给羊饲喂按照饲养标准配制的日粮,对提高其生产性能和饲料利用效率都有明显的效果。

1. 饲养标准的应用

首先,饲养标准所规定的妊娠母羊营养物质需要量虽然略高于其实际需要量,但必须与当地饲料供应和经济水平等条件相适应,如饲料资源不足时,营养供给水平要相应降低。其次饲养标准本身也不是永恒不变的,它要随着经济发展、科技进步和生产水平的提高,而不断地进行修订、充实和完善。再次,饲养标准是实行科学养羊的一种技术标准,在生产实践中应与饲养效果相结合,并根据饲养效果适当调整日粮,以使饲养标准更准确。

2. 妊娠母羊的营养需要量

我国《肉羊饲养标准》(NY/T 816—2004)已于2004年9月1日由农业部发布。妊娠母羊的营养需要量推荐参照标准中妊娠母绵羊每日营养需要量(表6-1)及妊娠母山羊每日营养需要量(表6-2)执行。

表6-1 妊娠母绵羊每日营养需要量

妊娠阶段	体重/千克	DMI/(千克/天)	DE/(兆焦/天)	ME/(兆焦/天)	粗蛋白/(克/天)	钙/(克/天)	总磷/(克/天)	食盐/(克/天)
前期①	40	1.6	12.55	10.46	116	3.0	2.0	6.6
	50	1.8	15.06	12.55	124	3.2	2.5	7.5
	60	2.0	15.90	13.39	132	4.0	3.0	8.3
	70	2.2	16.74	14.23	141	4.5	3.5	9.1
后期②	40	1.8	15.06	12.55	146	6.0	3.5	7.5
	45	1.9	15.90	13.39	152	6.5	3.7	7.9
	50	2.0	16.74	14.23	159	7.0	3.9	8.3
	55	2.1	17.99	15.06	165	7.5	4.1	8.7
	60	2.2	18.83	15.90	172	8.0	4.3	9.1
	65	2.3	19.66	16.74	180	8.5	4.5	9.5
	70	2.4	20.92	17.57	187	9.0	4.7	9.9

续表

妊娠阶段	体重/千克	DMI/(千克/天)	DE/(兆焦/天)	ME/(兆焦/天)	粗蛋白/(克/天)	钙/(克/天)	总磷/(克/天)	食盐/(克/天)
后期③	40	1.8	16.74	14.23	167	7.0	4.0	7.9
	45	1.9	17.99	15.06	176	7.5	4.3	8.3
	50	2.0	19.25	16.32	184	8.0	4.6	8.7
	55	2.1	20.50	17.15	193	8.5	5.0	9.1
	60	2.2	21.76	18.41	203	9.0	5.3	9.5
	65	2.3	22.59	19.25	214	9.5	5.4	9.9
	70	2.4	24.27	20.50	226	10.0	5.6	11.0

① 指妊娠期的第1~3个月。
② 指母羊怀单羔妊娠期的第4~5个月。
③ 指母羊怀双羔妊娠期的第4~5个月。
注：1. 表中日粮干物质进食量（DMI）、消化能（DE）、代谢能（ME）、粗蛋白质（CP）、钙、总磷、食盐每日需要量推荐数值参考自内蒙古自治区地方标准《细毛羊饲养标准》（DB15/T 30—92）。
2. 日粮中添加食盐应符合GB 5461中的规定。

表6-2 妊娠母山羊每日营养需要量

妊娠阶段	体重/千克	DMI/(千克/天)	DE/(兆焦/天)	ME/(兆焦/天)	粗蛋白/(克/天)	钙/(克/天)	总磷/(克/天)	食盐/(克/天)
1~90天	10	0.39	4.80	3.94	55	4.5	3.0	2.0
	15	0.53	6.82	5.59	65	4.8	3.2	2.7
	20	0.66	8.72	7.15	73	5.2	3.4	3.3
	25	0.78	10.56	8.66	81	5.5	3.7	3.9
	30	0.90	12.34	10.12	89	5.8	3.9	4.5
91~120天	15	0.53	7.55	6.19	97	4.8	3.2	2.7
	20	0.66	9.51	7.80	105	5.2	3.4	3.3
	25	0.78	11.39	9.34	113	5.5	3.7	3.9
	30	0.90	13.20	10.82	121	5.8	3.9	4.5
>120天	15	0.53	8.54	7.00	124	4.8	3.2	2.7
	20	0.66	10.54	8.64	132	5.2	3.4	3.3
	25	0.78	12.43	10.19	140	5.5	3.7	3.9
	30	0.90	14.27	11.70	148	5.8	3.9	4.5

注：日粮中添加食盐应符合GB 5461中的规定。

第三节 妊娠母羊的饲料配方实例

一、妊娠前期母羊配方（配方1~22）

配方1 妊娠前期母羊配方

原料名称	配比/%	营养成分	含量
玉米	57.5	干物质/%	86.82
大豆粕	20	粗蛋白/%	16.43
小麦麸	18	粗脂肪/%	3.15
石粉	1.5	粗纤维/%	3.54
磷酸氢钙	1	钙/%	0.86
食盐	1	磷/%	0.61
预混料	1	食盐/%	0.98
		消化能（兆焦/千克）	13.09
合计	100		

配方2 妊娠前期母羊配方

原料名称	配比/%	营养成分	含量
玉米	60.5	干物质/%	86.78
大豆粕	20	粗蛋白/%	16.22
小麦麸	15	粗脂肪/%	3.14
石粉	1.5	粗纤维/%	3.32
磷酸氢钙	1.2	钙/%	0.91
食盐	1	磷/%	0.63
预混料	0.8	食盐/%	0.78
		消化能（兆焦/千克）	13.15
合计	100		

配方3 妊娠前期母羊配方

原料名称	配比/%	营养成分	含量
玉米	57.5	干物质/%	86.93
大豆粕	16	粗蛋白/%	16.37
啤酒糟	12	粗脂肪/%	3.40
小麦麸	10	粗纤维/%	4.23
磷酸氢钙	1.5	钙/%	0.82
石粉	1	磷/%	0.65
食盐	1	食盐/%	0.98
预混料	1	消化能（兆焦/千克）	13.33
合计	100		

配方 4　妊娠前期母羊配方

原料名称	配比/%	营养成分	含量
玉米	55.3	干物质/%	86.94
大豆粕	16	粗蛋白/%	16.15
小麦麸	16	粗脂肪/%	3.34
啤酒糟	8	粗纤维/%	4.20
石粉	1.5	钙/%	0.92
磷酸氢钙	1.2	磷/%	0.63
食盐	1	食盐/%	0.98
预混料	1	消化能/(兆焦/千克)	13.17
合计	100		

配方 5　妊娠前期母羊配方

原料名称	配比/%	营养成分	含量
玉米	60	干物质/%	86.74
大豆粕	16	粗蛋白/%	15.24
小麦麸	20	粗脂肪/%	3.24
石粉	1.5	粗纤维/%	3.56
磷酸氢钙	1	钙/%	0.85
食盐	0.5	磷/%	0.61
预混料	1	食盐/%	0.49
		消化能/(兆焦/千克)	13.15
合计	100		

配方 6　妊娠前期母羊配方

原料名称	配比/%	营养成分	含量
玉米	58	干物质/%	86.90
棉籽粕	13	粗蛋白/%	14.99
小麦麸	10	粗脂肪/%	4.31
米糠	10	粗纤维/%	3.96
大豆粕	5	钙/%	0.90
石粉	2	磷/%	0.63
磷酸氢钙	0.5	食盐/%	0.49
食盐	0.5	消化能/(兆焦/千克)	13.16
预混料	1		
合计	100		

配方 7　妊娠前期母羊配方

原料名称	配比/%	营养成分	含量
玉米	56	干物质/%	86.96
米糠	20	粗蛋白/%	15.27
棉籽粕	12	粗脂肪/%	5.52
菜籽粕	8.5	粗纤维/%	4.25
石粉	2	钙/%	0.81
食盐	0.5	磷/%	0.64
预混料	1	食盐/%	0.49
		消化能/(兆焦/千克)	13.26
合计	100		

配方 8　妊娠前期母羊配方

原料名称	配比/%	营养成分	含量
玉米	60	干物质/%	86.90
亚麻仁粕	20	粗蛋白/%	14.77
小麦麸	16.5	粗脂肪/%	3.16
石粉	1.5	粗纤维/%	4.07
磷酸氢钙	0.5	钙/%	0.76
食盐	0.5	磷/%	0.59
预混料	1	食盐/%	0.49
		消化能/(兆焦/千克)	13.07
合计	100		

配方 9　妊娠前期母羊配方

原料名称	配比/%	营养成分	含量
玉米	55	干物质/%	86.98
米糠	20	粗蛋白/%	14.69
向日葵仁粕	11.5	粗脂肪/%	5.58
亚麻仁粕	10	粗纤维/%	4.54
石粉	2	钙/%	0.80
预混料	1	磷/%	0.65
食盐	0.5	食盐/%	0.49
		消化能/(兆焦/千克)	12.83
合计	100		

配方 10　妊娠前期母羊配方

原料名称	配比/%	营养成分	含量
玉米	60	干物质/%	86.88
米糠	18.5	粗蛋白/%	15.23
花生仁粕	12	粗脂肪/%	6.12
棉籽粕	6	粗纤维/%	3.33

续表

原料名称	配比/%	营养成分	含量
石粉	1.5	钙/%	0.71
预混料	1	磷/%	0.63
磷酸氢钙	0.5	食盐/%	0.49
食盐	0.5	消化能/(兆焦/千克)	13.58
合计	100		

配方 11　妊娠前期母羊配方

原料名称	配比/%	营养成分	含量
玉米	55	干物质/%	87.36
菜籽粕	15	粗蛋白/%	14.89
玉米胚芽饼	15	粗脂肪/%	4.08
小麦麸	11.5	粗纤维/%	4.62
石粉	2	钙/%	0.83
预混料	1	磷/%	0.62
食盐	0.5	食盐/%	0.49
		消化能/(兆焦/千克)	13.25
合计	100		

配方 12　妊娠前期母羊配方

原料名称	配比/%	营养成分	含量
玉米	50	干物质/%	83.06
菜籽粕	15	粗蛋白/%	15.07
玉米胚芽粕	15	粗脂肪/%	2.76
小麦麸	11.5	粗纤维/%	4.57
糖蜜	5	钙/%	0.83
石粉	2	磷/%	0.58
预混料	1	食盐/%	0.49
食盐	0.5	消化能/(兆焦/千克)	12.47
合计	100		

配方 13　妊娠前期母羊配方

原料名称	配比/%	营养成分	含量
玉米	50	干物质/%	87.70
DDGS	30	粗蛋白/%	14.95
米糠	16.5	粗脂肪/%	8.63
石粉	1.5	粗纤维/%	3.87
预混料	1	钙/%	0.73
磷酸氢钙	0.5	磷/%	0.68
食盐	0.5	食盐/%	0.49
		消化能/(兆焦/千克)	13.79
合计	100		

配方14　妊娠前期母羊配方

原料名称	配比/%	营养成分	含量
燕麦	35	干物质/%	89.51
高粱	26.5	粗蛋白/%	15.67
小麦麸	15	粗脂肪/%	4.19
亚麻仁粕	10	粗纤维/%	7.54
向日葵仁粕	10	钙/%	0.82
石粉	1.5	磷/%	0.67
预混料	1	食盐/%	0.49
磷酸氢钙	0.5	消化能/(兆焦/千克)	10.39
食盐	0.5		
合计	100		

配方15　妊娠前期母羊配方

原料名称	配比/%	营养成分	含量
燕麦	30	干物质/%	89.13
玉米	21.5	粗蛋白/%	15.47
小麦麸	15	粗脂肪/%	4.05
亚麻仁粕	10	粗纤维/%	7.15
向日葵仁粕	10	钙/%	0.79
高粱	10	磷/%	0.64
石粉	1.5	食盐/%	0.49
预混料	1	消化能/(兆焦/千克)	11.30
磷酸氢钙	0.5		
食盐	0.5		
合计	100		

配方16　妊娠前期母羊配方

原料名称	配比/%	营养成分	含量
燕麦	30	干物质/%	89.18
稻谷	20	粗蛋白/%	15.81
米糠	15	粗脂肪/%	5.55
菜籽粕	11.5	粗纤维/%	7.84
亚麻仁饼	10	钙/%	0.89
高粱	10	磷/%	0.66
石粉	2	食盐/%	0.49
预混料	1	消化能/(兆焦/千克)	11.53
食盐	0.5		
合计	100		

配方 17　妊娠前期母羊配方

原料名称	配比/%	营养成分	含量
玉米	65	干物质/%	86.89
小麦麸	13	粗蛋白/%	14.58
棉籽粕	10	粗脂肪/%	3.03
菜籽粕	8	粗纤维/%	4.15
石粉	1.5	钙/%	0.75
食盐	1	磷/%	0.56
预混料	1	食盐/%	0.98
磷酸氢钙	0.5	消化能/(兆焦/千克)	13.06
合计	100		

配方 18　妊娠前期母羊配方

原料名称	配比/%	营养成分	含量
玉米	60.8	干物质/%	87.43
小麦麸	15	粗蛋白/%	14.66
胡麻饼	12	粗脂肪/%	3.45
棉籽粕	8	粗纤维/%	4.30
磷酸氢钙	1.2	钙/%	0.76
石粉	1	磷/%	0.68
食盐	1	食盐/%	0.98
预混料	1	消化能/(兆焦/千克)	13.26
合计	100		

配方 19　妊娠前期母羊配方

原料名称	配比/%	营养成分	含量
燕麦	30	干物质/%	89.41
大麦(裸)	30	粗蛋白/%	16.53
小麦	20	粗脂肪/%	3.24
菜籽粕	11.5	粗纤维/%	5.87
棉籽粕	5	钙/%	0.82
石粉	1.5	磷/%	0.58
预混料	1	食盐/%	0.49
磷酸氢钙	0.5	消化能/(兆焦/千克)	10.88
食盐	0.5		
合计	100		

配方 20　妊娠前期母羊配方

原料名称	配比/%	营养成分	含量
大麦(裸)	30	干物质/%	88.53
燕麦	20	粗蛋白/%	14.37
米糠粕	15	粗脂肪/%	2.95
稻谷	10	粗纤维/%	6.21
高粱	10	钙/%	0.84
菜籽粕	6.5	磷/%	0.67
向日葵仁粕	5	食盐/%	0.49
石粉	2	消化能/(兆焦/千克)	11.98
预混料	1		
食盐	0.5		
合计	100		

配方 21　妊娠前期母羊配方

原料名称	配比/%	营养成分	含量
大麦(裸)	30	干物质/%	88.65
玉米	20	粗蛋白/%	13.73
燕麦	20	粗脂肪/%	3.20
碎米	15	粗纤维/%	4.61
菜籽粕	6.5	钙/%	0.70
向日葵仁粕	5	磷/%	0.60
磷酸氢钙	1	食盐/%	0.49
石粉	1	消化能/(兆焦/千克)	12.92
预混料	1		
食盐	0.5		
合计	100		

配方 22　妊娠前期母羊配方

原料名称	配比/%	营养成分	含量
苜蓿干草	30	干物质/%	89.90
羊草	30	粗蛋白/%	12.00
玉米	27.5	粗脂肪/%	2.60
大豆粕	5	粗纤维/%	18.15
甘薯干	5	钙/%	0.97
磷酸氢钙	1	磷/%	0.41
预混料	1	食盐/%	0.49
食盐	0.5	消化能/(兆焦/千克)	9.73
合计	100		

二、妊娠后期母羊配方（配方 23~40）

配方 23　妊娠后期母羊配方

原料名称	配比/%	营养成分	含量
玉米	55	干物质/%	86.79
小麦麸	21	粗蛋白/%	16.68
大豆粕	20	粗脂肪/%	3.18
石粉	1.5	粗纤维/%	3.77
磷酸氢钙	1	钙/%	0.86
预混料	1	磷/%	0.63
食盐	0.5	食盐/%	0.49
		消化能/(兆焦/千克)	13.10
合计	100		

配方 24　妊娠后期母羊混合精料配方

原料名称	配比/%	营养成分	含量
玉米	60	干物质/%	86.81
大豆粕	19	粗蛋白/%	17.17
小麦麸	12	粗脂肪/%	3.02
棉籽粕	5	粗纤维/%	3.50
石粉	1.5	钙/%	0.74
食盐	1	磷/%	0.52
预混料	1	食盐/%	0.98
磷酸氢钙	0.5	消化能/(兆焦/千克)	13.21
合计	100		

配方 25　妊娠后期母羊混合精料配方

原料名称	配比/%	营养成分	含量
玉米	55	干物质/%	86.87
大豆粕	20	粗蛋白/%	17.41
小麦麸	15	粗脂肪/%	3.81
亚麻仁粕	6	粗纤维/%	3.65
石粉	1.5	钙/%	0.76
食盐	1	磷/%	0.53
预混料	1	食盐/%	0.98
磷酸氢钙	0.5	消化能/(兆焦/千克)	13.24
合计	100		

配方 26 妊娠后期母羊混合精料配方

原料名称	配比/%	营养成分	含量
玉米	60	干物质/%	86.86
大豆粕	14	粗蛋白/%	17.15
小麦麸	12	粗脂肪/%	3.57
菜籽粕	5	粗纤维/%	3.59
花生仁粕	5	钙/%	0.76
石粉	1.5	磷/%	0.51
食盐	1	食盐/%	0.98
预混料	1	消化能/(兆焦/千克)	13.27
磷酸氢钙	0.5		
合计	100		

配方 27 妊娠后期母羊混合精料配方

原料名称	配比/%	营养成分	含量
玉米	56	干物质/%	87.74
DDGS	30	粗蛋白/%	17.45
大豆粕	9.5	粗脂肪/%	6.31
石粉	1.5	粗纤维/%	3.51
磷酸氢钙	1	钙/%	0.87
食盐	1	磷/%	0.60
预混料	1	食盐/%	0.98
		消化能/(兆焦/千克)	13.66
合计	100		

配方 28 妊娠后期母羊混合精料配方

原料名称	配比/%	营养成分	含量
玉米	53.5	干物质/%	87.76
DDGS	20	粗蛋白/%	17.55
大豆粕	12	粗脂肪/%	5.09
玉米胚芽粕	10	粗纤维/%	3.54
石粉	1.5	钙/%	0.86
磷酸氢钙	1	磷/%	0.66
食盐	1	食盐/%	0.98
预混料	1	消化能/(兆焦/千克)	13.60
合计	100		

配方 29　妊娠后期母羊混合精料配方

原料名称	配比/%	营养成分	含量
玉米	58	干物质/%	86.88
棉籽粕	16	粗蛋白/%	16.61
米糠	8	粗脂肪/%	3.93
大豆粕	8	粗纤维/%	3.99
小麦麸	6.5	钙/%	0.73
石粉	1.5	磷/%	0.62
预混料	1	食盐/%	0.49
磷酸氢钙	0.5	消化能/(兆焦/千克)	13.24
食盐	0.5		
合计	100		

配方 30　妊娠后期母羊混合精料配方

原料名称	配比/%	营养成分	含量
玉米	55	干物质/%	87.02
米糠	15.5	粗蛋白/%	16.72
棉籽粕	14	粗脂肪/%	4.80
菜籽粕	12	粗纤维/%	4.59
石粉	2	钙/%	0.83
预混料	1	磷/%	0.63
食盐	0.5	食盐/%	0.49
		消化能/(兆焦/千克)	13.17
合计	100		

配方 31　妊娠后期母羊混合精料配方

原料名称	配比/%	营养成分	含量
玉米	55	干物质/%	87.06
亚麻仁粕	25	粗蛋白/%	16.89
米糠	11.5	粗脂肪/%	4.40
菜籽粕	5	粗纤维/%	4.18
石粉	2	钙/%	0.86
预混料	1	磷/%	0.60
食盐	0.5	食盐/%	0.49
		消化能/(兆焦/千克)	13.15
合计	100		

配方 32　妊娠后期母羊混合精料配方

原料名称	配比/%	营养成分	含量
玉米	55	干物质/%	87.08
向日葵仁粕	16.5	粗蛋白/%	16.83
亚麻仁粕	15	粗脂肪/%	4.07
米糠	10	粗纤维/%	5.12
石粉	2	钙/%	0.82
预混料	1	磷/%	0.60
食盐	0.5	食盐/%	0.49
		消化能/(兆焦/千克)	12.50
合计	100		

配方 33　妊娠后期母羊混合精料配方

原料名称	配比/%	营养成分	含量
玉米	60	干物质/%	86.94
米糠	12.5	粗蛋白/%	17.12
棉籽粕	12	粗脂肪/%	4.47
花生仁粕	12	粗纤维/%	3.63
石粉	1.5	钙/%	0.73
预混料	1	磷/%	0.61
磷酸氢钙	0.5	食盐/%	0.49
食盐	0.5	消化能/(兆焦/千克)	13.40
合计	100		

配方 34　妊娠后期母羊混合精料配方

原料名称	配比/%	营养成分	含量
玉米	50	干物质/%	87.46
菜籽粕	20	粗蛋白/%	17.00
玉米胚芽粕	15	粗脂肪/%	2.83
小麦麸	11.5	粗纤维/%	5.16
石粉	2	钙/%	0.86
预混料	1	磷/%	0.63
食盐	0.5	食盐/%	0.49
		消化能/(兆焦/千克)	13.07
合计	100		

配方 35 妊娠后期母羊混合精料配方

原料名称	配比/%	营养成分	含量
玉米	50	干物质/%	83.11
菜籽粕	20	粗蛋白/%	16.21
玉米胚芽粕	15	粗脂肪/%	2.63
小麦麸	6.5	粗纤维/%	4.71
糖蜜	5	钙/%	0.86
石粉	2	磷/%	0.58
预混料	1	食盐/%	0.49
食盐	0.5	消化能/(兆焦/千克)	12.46
合计	100		

配方 36 妊娠后期母羊混合精料配方

原料名称	配比/%	营养成分	含量
玉米	50	干物质/%	87.75
DDGS	30	粗蛋白/%	17.04
小麦麸	11.5	粗脂肪/%	6.43
花生仁粕	5	粗纤维/%	4.26
石粉	1.5	钙/%	0.74
预混料	1	磷/%	0.58
磷酸氢钙	0.5	食盐/%	0.49
食盐	0.5	消化能/(兆焦/千克)	13.60
合计	100		

配方 37 妊娠后期母羊混合精料配方

原料名称	配比/%	营养成分	含量
燕麦	35	干物质/%	89.56
高粱	26.5	粗蛋白/%	16.57
向日葵仁粕	15	粗脂肪/%	4.04
小麦麸	10	粗纤维/%	7.84
亚麻仁粕	10	钙/%	0.82
石粉	1.5	磷/%	0.67
预混料	1	食盐/%	0.49
磷酸氢钙	0.5	消化能/(兆焦/千克)	11.89
食盐	0.5		
合计	100		

配方 38 妊娠后期母羊混合精料配方

原料名称	配比/%	营养成分	含量
燕麦	30	干物质/%	89.18
玉米	21.5	粗蛋白/%	16.43
亚麻仁粕	15	粗脂肪/%	3.95
小麦麸	10	粗纤维/%	7.11
向日葵仁粕	10	钙/%	0.81
高粱	10	磷/%	0.65
石粉	1.5	食盐/%	0.49
预混料	1	消化能/(兆焦/千克)	12.33
磷酸氢钙	0.5		
食盐	0.5		
合计	100		

配方 39 妊娠后期母羊混合精料配方

原料名称	配比/%	营养成分	含量
燕麦	30	干物质/%	89.23
稻谷	20	粗蛋白/%	16.91
亚麻仁粕	15	粗脂肪/%	4.82
菜籽粕	11.5	粗纤维/%	7.97
米糠	10	钙/%	0.91
高粱	10	磷/%	0.64
石粉	2	食盐/%	0.49
预混料	1	消化能/(兆焦/千克)	11.47
食盐	0.5		
合计	100		

配方 40 妊娠后期母羊混合精料配方

原料名称	配比/%	营养成分	含量
苜蓿干草	30	干物质/%	88.15
野干草	25	粗蛋白/%	16.94
玉米	23	粗脂肪/%	1.78
大豆粕	12	粗纤维/%	17.51
棉籽粕	8	钙/%	0.87
预混料	1	磷/%	0.46
磷酸氢钙	0.5	食盐/%	0.49
食盐	0.5	消化能/(兆焦/千克)	9.30
合计	100		

三、妊娠母羊配合饲料配方（配方 41~57）

配方 41　妊娠前期母羊配合饲料配方

原料名称	配比/千克	营养成分	含量
玉米青贮	2	干物质/(千克/天)	1.72
羊草	1	粗蛋白/(克/天)	170.00
精料	0.4	粗脂肪/(克/天)	61.28
合计	3.4	粗纤维/(克/天)	447.04
		钙/(克/天)	8.90
		磷/(克/天)	5.40
		食盐/(克/天)	2.00
		消化能/(兆焦/天)	16.49

配方 42　妊娠前期母羊配合饲料配方

原料名称	配比/千克	营养成分	含量
玉米青贮	1.5	干物质/(千克/天)	1.78
羊草	0.8	粗蛋白/(克/天)	160.70
玉米秸	0.5	粗脂肪/(克/天)	52.26
精料	0.3	粗纤维/(克/天)	474.48
合计	3.1	钙/(克/天)	6.86
		磷/(克/天)	4.14
		食盐/(克/天)	1.50
		消化能/(兆焦/天)	17.16

配方 43　妊娠前期母羊配合饲料配方

原料名称	配比/千克	营养成分	含量
玉米秸	1	干物质/(千克/天)	1.89
羊草	0.8	粗蛋白/(克/天)	166.20
精料	0.3	粗脂肪/(克/天)	47.76
合计	2.1	粗纤维/(克/天)	495.48
		钙/(克/天)	5.36
		磷/(克/天)	3.24
		食盐/(克/天)	1.50
		消化能/(兆焦/天)	18.04

配方 44　妊娠前期母羊配合饲料配方

原料名称	配比/千克	营养成分	含量
玉米秸	1.2	干物质/(千克/天)	1.69
苜蓿草粉	0.5	粗蛋白/(克/天)	188.80
精料	0.2	粗脂肪/(克/天)	30.44
合计	1.9	粗纤维/(克/天)	434.32
		钙/(克/天)	9.20
		磷/(克/天)	2.30
		食盐/(克/天)	1.00
		消化能/(兆焦/天)	17.75

配方 45　妊娠前期母羊配合饲料配方

原料名称	配比/千克	营养成分	含量
鲜苜蓿	1.5	干物质/(千克/天)	1.76
野干草	1.3	粗蛋白/(克/天)	193.40
精料	0.3	粗脂肪/(克/天)	28.76
合计	3.1	粗纤维/(克/天)	509.78
		钙/(克/天)	12.83
		磷/(克/天)	5.98
		食盐/(克/天)	1.50
		消化能/(兆焦/天)	20.53

配方 46　妊娠后期母羊配合饲料配方

原料名称	配比/千克	营养成分	含量
玉米青贮	2	干物质/(千克/天)	1.94
羊草	1	粗蛋白/(克/天)	206.86
精料	0.6	粗脂肪/(克/天)	69.25
胡萝卜	0.5	粗纤维/(克/天)	459.86
合计	4.1	钙/(克/天)	11.17
		磷/(克/天)	7.00
		食盐/(克/天)	3.00
		消化能/(兆焦/天)	20.29

配方 47　妊娠后期母羊配合饲料配方

原料名称	配比/千克	营养成分	含量
玉米青贮	2	干物质/(千克/天)	2.21
玉米秸	0.8	粗蛋白/(克/天)	264.06
精料	0.6	粗脂肪/(克/天)	46.95
苜蓿干草	0.5	粗纤维/(克/天)	512.56
胡萝卜	0.5	钙/(克/天)	17.22
合计	4.4	磷/(克/天)	6.60
		食盐/(克/天)	3.00
		消化能/(兆焦/天)	24.39

配方 48　妊娠后期母羊配合饲料配方

原料名称	配比/千克	营养成分	含量
鲜苜蓿	1	干物质/(千克/天)	2.37
玉米青贮	1	粗蛋白/(克/天)	306.86
野干草	1	粗脂肪/(克/天)	47.75
精料	0.6	粗纤维/(克/天)	613.36
苜蓿干草	0.5	钙/(克/天)	23.72
胡萝卜	0.5	磷/(克/天)	9.20
合计	4.6	食盐/(克/天)	3.00
		消化能/(兆焦/天)	27.52

配方 49　妊娠后期期母羊配合饲料配方

原料名称	配比/千克	营养成分	含量
花生蔓	1	干物质/(千克/天)	2.38
玉米秸	1	粗蛋白/(克/天)	269.86
精料	0.6	粗脂肪/(克/天)	45.25
胡萝卜	0.5	粗纤维/(克/天)	572.86
合计	3.1	钙/(克/天)	30.07
		磷/(克/天)	4.40
		食盐/(克/天)	3.00
		消化能/(兆焦/天)	29.25

配方 50　妊娠后期母羊配合饲料配方

原料名称	配比/千克	营养成分	含量
玉米秸	1.5	干物质/(千克/天)	2.35
野青草	1	粗蛋白/(克/天)	238.36
精料	0.8	粗脂肪/(克/天)	48.39
胡萝卜	0.5	粗纤维/(克/天)	479.88
合计	3.8	钙/(克/天)	7.07
		磷/(克/天)	6.40
		食盐/(克/天)	4.00
		消化能/(兆焦/天)	25.80

配方 51　妊娠后期母羊配合饲料配方

原料名称	配比/千克	营养成分	含量
胡枝子	1.2	干物质/(千克/天)	2.41
精料	0.8	粗蛋白/(克/天)	393.71
高粱糠	0.5	粗脂肪/(克/天)	154.30
鲜苜蓿	0.5	粗纤维/(克/天)	535.77
合计	3.0	钙/(克/天)	19.60
		磷/(克/天)	10.27
		食盐/(克/天)	4.00
		消化能/(兆焦/天)	27.80

配方 52　妊娠后期母羊配合饲料配方

原料名称	配比/千克	营养成分	含量
野青草	1	干物质/(千克/天)	2.29
野干草	1	粗蛋白/(克/天)	254.36
精料	0.8	粗脂肪/(克/天)	48.89
甜菜丝干	0.5	粗纤维/(克/天)	479.38
胡萝卜	0.5	钙/(克/天)	14.47
合计	3.8	磷/(克/天)	9.85
		食盐/(克/天)	4.00
		消化能/(兆焦/天)	29.72

配方53 妊娠期山羊全价配合饲料配方

原料名称	配比/千克	营养成分	含量
玉米青贮	0.5	干物质/(千克/天)	0.72
精料	0.4	粗蛋白/(克/天)	129.30
苜蓿草粉	0.3	粗脂肪/(克/天)	23.18
合计	1.2	粗纤维/(克/天)	117.64
		钙/(克/天)	7.90
		磷/(克/天)	4.23
		食盐/(克/天)	2.00
		消化能/(兆焦/天)	9.57

配方54 妊娠期山羊全价配合饲料配方

原料名称	配比/千克	营养成分	含量
玉米青贮	0.5	干物质/(千克/天)	0.73
精料	0.4	粗蛋白/(克/天)	89.70
玉米秸	0.3	粗脂肪/(克/天)	18.98
合计	1.2	粗纤维/(克/天)	124.24
		钙/(克/天)	3.70
		磷/(克/天)	2.70
		食盐/(克/天)	2.00
		消化能/(兆焦/天)	9.16

配方55 妊娠期山羊全价配合饲料配方

原料名称	配比/千克	营养成分	含量
玉米青贮	0.8	干物质/(千克/天)	0.71
玉米秸	0.3	粗蛋白/(克/天)	78.50
精料	0.3	粗脂肪/(克/天)	17.46
合计	1.4	粗纤维/(克/天)	141.18
		钙/(克/天)	3.20
		磷/(克/天)	2.28
		食盐/(克/天)	1.50
		消化能/(兆焦/天)	8.47

配方 56　妊娠期山羊全价配合饲料配方

原料名称	配比/千克	营养成分	含量
苜蓿干草	0.5	干物质/(千克/天)	0.77
胡萝卜	0.5	粗蛋白/(克/天)	136.86
精料	0.3	粗脂肪/(克/天)	17.79
合计	1.3	粗纤维/(克/天)	164.08
		钙/(克/天)	12.82
		磷/(克/天)	3.60
		食盐/(克/天)	1.50
		消化能/(兆焦/天)	8.95

配方 57　妊娠期山羊全价配合饲料配方

原料名称	配比/千克	营养成分	含量
胡萝卜	0.5	干物质/(千克/天)	0.58
玉米秸	0.3	粗蛋白/(克/天)	70.56
精料	0.3	粗脂肪/(克/天)	13.99
合计	1.1	粗纤维/(克/天)	91.28
		钙/(克/天)	3.07
		磷/(克/天)	2.20
		食盐/(克/天)	1.50
		消化能/(兆焦/天)	7.47

第四节　哺乳母羊的饲养要点

羔羊哺乳期一般为 90～120 天，依据羔羊依赖母乳的情况，将哺乳期划分为哺乳前期和哺乳后期。

一、哺乳前期

哺乳前期指产羔后两个月，母羊的饲养管理与妊娠后期母羊的饲养管理一样重要，是饲养种母羊、获得优质羔羊的关键，可为羔羊早期断奶提供物质保障。其原因有以下几点：一是母羊产羔后，体质虚弱，需要很快恢复。二是羔羊在哺乳期生长发育快，需要较多的营养物质。羔羊瘤胃发育不全，采食能力和消化能力均不健全，羔羊的营养完全依赖于母乳，母乳是羔羊生长发育所需营养的主要来源，特别是产后 1.5 月以内。母羊奶量多，奶质好，羔羊才发育好、抗病力强、成活率高。如果母羊饲养不合理，不仅母羊体弱多病，产奶量少，而且影响羔羊生长发育。三是从母羊的泌乳特点来看，母羊产羔后15～20天内的泌乳量增加很快，并在随后的1个月内保持较高的泌乳量，在这个阶段母羊将饲料转化为乳的能力较强，增加营养可以起到增加泌乳效果的作用，所以在泌乳前期必须加强哺乳母羊的饲养和营养。母羊的泌乳量直接影响羔羊的生长发育，同时也影响奶羊生产的经济效益。母羊产后4～6周泌乳量达到最高峰，维持一段时间后母羊的泌乳量开始下降。当饲料中碳水化合物和蛋白质供应不足时，会影响产奶量，缩短泌乳期。

哺乳前期的饲养管理主要是恢复产羔母羊体质，满足羔羊哺乳需要。舍饲状态下的母羊需要注意以下几点。第一，刚产后的母羊腹部空虚，体质虚弱，体力和水分消耗很大，消化机能较差，这几天要喂给易消化的优质干草，多饮用盐水、麸皮汤等效果更好。青贮饲料和多汁饲料有催奶作用，但不能给得过早且太多。产羔后1～3天内，如果膘情好，可以少喂精料，以喂优质干草为主，以防消化不良或发生乳房炎。第二，母羊产后7天左右，乳汁消耗逐渐增多，此时开始增加鲜干青草、多汁饲料和精料，并注意矿物质和微量元素的供给。母羊在最高泌乳时期的营养需要约为空怀母羊的3倍，因此必须经常供给骨粉、食盐、胡萝卜素、维生素A和维生素D，钙、磷需要量也相应增加。此外在土壤和牧草缺硒地区，还应注意维生素E和硒的补给，否则所生羔羊易患白肌病。第三，加强母羊运动，有助于促进血液循环，增强母羊体质和泌乳能力。每天必须保证2小时以上的运动。第四，该时期母羊营养消耗较大，既要恢复体况，又要分泌乳汁，此时要增加粗蛋白、青绿多汁饲料的供应。日粮可参照妊娠后期日粮标准，另外增加苜蓿草0.25千克、青贮料0.25千克或0.15千克的混合饲料。第五，哺乳前期单靠放牧不能满足母羊泌乳的需要，因此必须补饲草料。哺乳母羊每天饲喂精料的数量应根据母羊食欲、反刍、排粪、腹下水肿和乳房肿胀消退情况、哺育羔羊数、所喂饲草的种类及质量而定。

哺乳羔羊每增长1千克，约需要母乳5千克，而母羊每产1千克乳需消化能6.27～7.53兆焦、可消化蛋白质55～65克、钙3.6克、磷2.4克，此外还需要有一定量的微量元素和维生素。对于高产奶山羊，仅靠放牧或补喂干草不能满足产奶的营养需要，必须根据产奶量的高低，补喂一定数量的混合精料。据研究，哺乳母羊产后25天内喂给高于饲养标准10%～15%的日粮，羔羊日增重可达到300克。母羊哺乳期间的营养还应考虑哺乳的羔羊数，一般产单羔母羊每天应补给混合精料0.3～0.5千克、青干草2千克、多汁饲料1.5千克，或者每天补饲精饲料0.5～1.0千克、食盐10～15克、骨粉10～15克；产双羔的母羊每天应补给混合精料0.4～0.6千克、苜蓿干草1.0千克、多汁饲料1.5千克。但是体重在50～60千克哺育双羔的母羊，即使以优质花生秧为饲草，哺乳前期（产后45天以内）每天也至少需要600～700克含饼类40%左右的精料。若哺育3羔乃至4羔，则需要更多的精料，以便最充分地发挥哺乳母羊的泌乳潜力。若计划提前进行羔羊断奶，应到临羔羊断奶的3～4天减喂，乃至停喂，以便促进干奶。总之饲料的增加要从少到多，有条件时多喂青绿饲料及胡萝卜。在管理上，要保证充足饮水和羊舍干燥整洁。

二、哺乳后期

哺乳后期指产羔后第三四个月。此时母羊的泌乳能力逐渐下降，即使增加补饲量也难以达到泌乳前期的泌乳量。随着母羊泌乳量的减少、羔羊的胃肠功能已趋于完善，可大量利用青草及粉碎精料，不再主要依靠母乳而生存，利用饲料的能力日渐增强，从以母乳为主过渡到以饲料为主的阶段。从3月龄起，母乳仅能满足羔羊本身营养的5%～10%。所以哺乳后期母羊的饲养已不是重点，此期的母羊，应以放牧吃青草为主，逐渐取消补饲，日粮中精料标准应调整为哺乳前期的70%，并逐步过渡到空怀期的饲养管理。对于枯草期的母羊，可适当补喂些青干草，补饲水平要视母羊体况而定。为了促使羔羊胃肠功能的发育健全，实施早期断奶，对母羊可以减少精料的饲喂量至0.2～0.4千克/天·只。在羔羊断奶的前一周，也要减少母羊的多汁饲料、青贮料和精料喂量，以防断奶时发生乳房炎。管理上对母羊圈舍要勤换垫草，及时清除粪便及污物，保持清洁、干燥、通风。产后母羊要注意保暖防潮，防止感冒，在安静的环境下休息。对胎衣、烂草、毛团等异物要及时清理以免羔羊误食，还要经常检查母羊的乳房，发现异常及时处理。

第五节 哺乳母羊的配方设计要点

一、哺乳期母羊的营养需要

母羊哺乳期的泌乳状况是由管理者支配的。山羊营养学研究表明，母羊泌乳时需要大量的能量和蛋白质。同时，从生理学和遗传学角度来讲，过量饲喂某些或全部养分（包括矿物质和维生素）来强迫性提高母羊泌乳能力是不可能的，过量部分将有少量存储备用，但大部分被排出体外。母羊的泌乳量直接影响羔羊的体重，这在靠挤下的羊奶喂羔的奶山羊和直接由羔羊吸吮母乳的非乳用山羊是一样的。但前者的泌乳所需要的营养要满足羔羊哺乳和长时间（8～9个月）产奶的需要，而后者仅需要满足羔羊哺乳的产奶需要即可。一般来讲，羔羊增重与需奶量之比为1∶5，即哺乳羔羊每增重100克需母乳500克，而生产500克羊乳则需要0.3千克饲料干物质、33克可消化蛋白质、1.2克磷和1.8克钙。山羊的泌乳量和乳成分均随着泌乳期的变化而变化，泌乳高峰出现在产后14～21天，随后下降；乳中脂肪、蛋白质含量的基本趋势是先下降后增加，乳糖含量是先增加后下降。

1. 对能量的需要

泌乳期山羊的能量需要量为每千克标准乳需要5.21兆焦代谢能（NRC，1981），略高于奶牛的5.10兆焦代谢能（NRC，1978），其他山羊的推荐量为4.36～6.35兆焦代谢能（Lu等，1991）。Lu等（1987）研究144只产后16～20周的泌乳母羊，指出每生产1千克4%标准乳需要5.92兆焦消化能或4.85兆焦代谢能，这些母羊的平均体重为52.5千克，实际的4%标准乳日产量为2.68千克，均喂以全价混合日粮（每千克日粮干物质中含代谢能8.28～10.28兆焦）。泌乳山羊的进食水平、日粮消化率和体重的变化因素均影响其能量需要量（Lu等，1991）。研究表明，在较高的进食量时估计的能量需要值偏高，这与多数饲料消化率的估计来自维持进食量有关；如果日粮中可利用的能量不能满足最大产奶量时，山羊机体则出现能量负平衡，不得不动用体组织用于合成乳糖和提供乳脂。在奶牛中，已知每千克体组织的能量为25.08兆焦（Moe等，1974），用于泌乳的效率为82%（NRC，1978），但在山羊上尚未见到这方面的资料。

2. 对蛋白质的需要

NRC（1981）推荐，山羊每产 1 千克 4% 标准乳需要 72 克粗蛋白质，比奶牛推荐值低 20%（NRC，1987）。Lu 等（1991）报道，当奶山羊饲喂含 12.3%、13.4%、15.0%、15.1% 和 16.4% 粗蛋白的日粮时，每生产 1 千克 4% 标准乳所需的粗蛋白分别为 84 克、100 克、108 克、100 克和 113 克，或需可消化蛋白质 45 克、67 克、86 克、65 克和 75 克。由于瘤胃微生物作用的影响，确定营养供给、激素平衡或其他生理因素对泌乳的影响比较困难。显然，泌乳山羊所需的氨满足微生物合成需要时，增加瘤胃内非降解的氨基酸数量成为一种提高氨基酸营养的有效措施。Lobleg（1986）曾报道，泌乳母羊吸收的氨基酸转化为组织氮的效率为 37%～111%，这种变化可能与限制性氨基酸摄取量的差异有关。如果这种推断成立的话，那么确定某些限制山羊奶合成的氨基酸种类，对准确估计泌乳母羊的蛋白质和氨基酸需要量是非常重要的（Lu 等，1991）。

3. 对矿物质的需要

山羊奶中含有多种矿物质，以钙、磷最为丰富。在整个泌乳期中，钙趋向于急剧增加到一个稳定的水平，镁趋向于稳定或稍有增加，钠呈不断增加趋势。Haenlein（1994）曾综述了山羊常量元素的需要量，指出泌乳奶山羊生产 1 千克 4% 乳需要钙 2.5 克，其他山羊品种为 0.88～2.04 克；需要磷 2.0 克，其他山羊品种为 0.65～1.24 克；需要镁 0.13～0.87 克；需要钾 2.1 克；需要钠 0.4 克。日粮中矿物质元素既可以用饲料形式提供，也可以用矿物质补充料形式提供。当其供给不足时，山羊机体动用体内贮存；待贮存耗尽时，产奶量开始降低，但不会生产低矿物质成分（如低磷、低钙）的异常奶（Pinkerton，1990）。

4. 对维生素的需要

产奶所需的维生素量尚不清楚，但也有证据说明，维生素 D 对钙、磷进入奶的代谢过程是必需的；奶中维生素 D 的含量随日粮供给量的增加而增加。Haenlein（1991）曾报道，按绵羊和奶山羊的需要量来推算，体重为 100 千克的奶山羊，每天维持需要 2400 国际单位的维生素 A、480 国际单位的维生素 D；但当其日产奶 8 千克时，此值分别为 30400 国际单位和 6080 国际单位。泌乳山羊的典型日粮中，一般含有足够维生素或其前体。但若饲草质量太差时，需要在混合精料里补充维生素 A。Pinkerton（1990）指出，日粮中过剩的维生素并不能提高产奶量，而是像其他矿物质一样几乎都不被利用。

二、哺乳期母羊的饲养标准

哺乳期母羊的饲养标准是根据羊的用途、体重及所哺羔羊数所规定的其对能量、蛋白质、矿物质和维生素等养分的需要量（见表 6-3～表 6-5）。哺乳期母羊的饲养标准是养好母羊的一条基本准则，也是最基本的依据，必须坚持应用，但得注意在生产实践中，由于饲料原料、饲养方式等的差异，不应把饲养标准看成一成不变的规定，而应灵活运用，对某些营养成分进行科学合理的调整，以最大限度地发挥母羊的性能和生产潜力，提高养羊的经济效益。

表 6-3　绵羊哺乳期的饲养标准

体重/千克	日泌乳量/(千克/天)	DMI/(千克/天)	DE/(兆焦/天)	ME/(兆焦/天)	粗蛋白/(克/天)	钙/(克/天)	总磷/(克/天)	食盐/(克/天)
40	0.2	2.0	12.97	10.46	119	7.0	4.3	8.3
40	0.4	2.0	15.48	12.55	139	7.0	4.3	8.3
40	0.6	2.0	17.99	14.64	157	7.0	4.3	8.3
40	0.8	2.0	20.50	16.74	176	7.0	4.3	8.3
40	1.0	2.0	23.01	18.83	196	7.0	4.3	8.3
40	1.2	2.0	25.94	20.92	216	7.0	4.3	8.3
40	1.4	2.0	28.45	23.01	236	7.0	4.3	8.3
40	1.6	2.0	30.96	25.01	254	7.0	4.3	8.3
40	1.8	2.0	33.47	27.20	274	7.0	4.3	8.3
50	0.2	2.2	15.06	12.13	122	7.5	4.7	9.1
50	0.4	2.2	17.57	14.23	142	7.5	4.7	9.1
50	0.6	2.2	20.08	16.32	162	7.5	4.7	9.1
50	0.8	2.2	22.59	18.41	180	7.5	4.7	9.1
50	1.0	2.2	25.10	20.50	200	7.5	4.7	9.1
50	1.2	2.2	28.03	22.59	219	7.5	4.7	9.1
50	1.4	2.2	30.54	24.69	239	7.5	4.7	9.1
50	1.6	2.2	33.05	26.78	257	7.5	4.7	9.1

续表

体重/千克	日泌乳量/(千克/天)	DMI/(千克/天)	DE/(兆焦/天)	ME/(兆焦/天)	粗蛋白/(克/天)	钙/(克/天)	总磷/(克/天)	食盐/(克/天)
50	1.8	2.2	35.56	28.87	277	7.5	4.7	9.1
60	0.2	2.4	16.32	13.39	125	8.0	5.1	9.9
60	0.4	2.4	19.25	15.48	145	8.0	5.1	9.9
60	0.6	2.4	21.76	17.57	165	8.0	5.1	9.9
60	0.8	2.4	24.27	19.66	183	8.0	5.1	9.9
60	1.0	2.4	26.78	21.76	203	8.0	5.1	9.9
60	1.2	2.4	29.29	23.85	223	8.0	5.1	9.9
60	1.4	2.4	31.80	25.94	241	8.0	5.1	9.9
60	1.6	2.4	34.73	28.03	261	8.0	5.1	9.9
60	1.8	2.4	37.24	30.12	275	8.0	5.1	9.9
70	0.2	2.6	17.99	14.64	129	8.5	5.6	11.0
70	0.4	2.6	20.50	16.70	148	8.5	5.6	11.0
70	0.6	2.6	23.01	18.83	166	8.5	5.6	11.0
70	0.8	2.6	25.94	20.92	186	8.5	5.6	11.0
70	1.0	2.6	28.45	23.01	206	8.5	5.6	11.0
70	1.2	2.6	30.96	25.10	226	8.5	5.6	11.0
70	1.4	2.6	33.89	27.61	244	8.5	5.6	11.0
70	1.6	2.6	36.40	29.71	264	8.5	5.6	11.0
70	1.8	2.6	39.33	31.80	284	8.5	5.6	11.0

注：1. 表中日粮干物质进食量（DMI）、消化能（DE）、代谢能（ME）、粗蛋白（CP）、钙、总磷、食盐每日需要量推荐数值参考内蒙古自治区地方标准《细毛羊饲养标准》（DB15/T 30—92）。

2. 日粮中添加食盐应符合 GB 5461 中的规定。

表 6-4　山羊泌乳前期饲养标准

体重/千克	日泌乳量/(千克/天)	DMI/(千克/天)	DE/(兆焦/天)	ME/(兆焦/天)	粗蛋白/(克/天)	钙/(克/天)	总磷/(克/天)	食盐/(克/天)
10	0.00	0.39	3.12	2.56	24	0.7	0.4	2.0
10	0.50	0.39	5.73	4.70	73	2.8	1.8	2.0
10	0.75	0.39	7.04	5.77	97	3.8	2.5	2.0

续表

体重/千克	日泌乳量/(千克/天)	DMI/(千克/天)	DE/(兆焦/天)	ME/(兆焦/天)	粗蛋白/(克/天)	钙/(克/天)	总磷/(克/天)	食盐/(克/天)
10	1.00	0.39	8.34	6.84	122	4.8	3.2	2.0
10	1.25	0.39	9.65	7.91	146	5.9	3.9	2.0
10	1.50	0.39	10.95	8.98	170	6.9	4.6	2.0
15	0.00	0.53	4.24	3.48	33	1.0	0.7	2.7
15	0.50	0.53	6.84	5.61	81	3.1	2.4	2.7
15	0.75	0.53	8.15	6.68	106	4.1	2.8	2.7
15	1.00	0.53	9.45	7.75	130	5.2	3.4	2.7
15	1.25	0.53	10.76	8.82	154	6.2	4.1	2.7
15	1.50	0.53	12.06	9.89	179	7.3	4.8	2.7
20	0.00	0.66	5.26	4.31	49	1.3	0.9	3.3
20	0.50	0.66	7.87	6.45	89	2.3	2.3	3.3
20	0.75	0.66	9.17	7.52	114	3.0	3.0	3.3
20	1.00	0.66	10.48	8.59	138	3.7	3.7	3.3
20	1.25	0.66	11.78	9.66	162	4.4	4.4	3.3
20	1.50	0.66	13.09	10.73	187	5.1	5.1	3.3
25	0.00	0.78	6.22	5.10	48	1.1	1.1	3.9
25	0.50	0.78	8.83	7.24	97	2.5	2.5	3.9
25	0.75	0.78	10.13	8.13	121	3.2	3.2	3.9
25	1.00	0.78	11.44	9.38	145	3.9	3.9	3.9
25	1.25	0.78	12.73	10.44	170	4.6	4.6	3.9
25	1.50	0.78	14.04	11.51	194	5.3	5.3	3.9
30	0.00	0.90	6.70	5.49	55	1.3	1.3	3.9
30	0.50	0.90	9.73	7.98	104	2.7	2.7	4.5
30	0.75	0.90	11.04	9.05	128	3.4	3.4	4.5
30	1.00	0.90	12.34	10.12	152	4.1	4.1	4.5
30	1.25	0.90	13.65	11.19	177	4.8	4.8	4.5
30	1.50	0.90	14.95	12.26	201	5.5	5.5	4.5

注：1. 泌乳前期指泌乳第 1～30 天。

2. 日粮中添加的食盐应符合 GB 5461 中的规定。

表 6-5 山羊泌乳后期饲养标准

体重/千克	日泌乳量/(千克/天)	DMI/(千克/天)	DE/(兆焦/天)	ME/(兆焦/天)	粗蛋白/(克/天)	钙/(克/天)	总磷/(克/天)	食盐/(克/天)
10	0.00	0.39	3.71	3.04	22	0.7	0.4	2.0
10	0.15	0.39	4.67	3.83	48	1.3	0.9	2.0
10	0.25	0.39	5.30	4.35	65	1.7	1.1	2.0
10	0.50	0.39	6.90	5.66	108	2.8	1.8	2.0
10	0.75	0.39	8.50	6.97	151	3.8	2.5	2.0
10	1.00	0.39	10.1	8.28	194	4.8	3.2	2.0
15	0.00	0.53	5.02	4.12	30	1.0	0.7	2.7
15	0.15	0.53	5.99	4.91	55	1.6	1.1	2.7
15	0.25	0.53	6.62	5.43	73	2.0	1.4	2.7
15	0.50	0.53	8.22	6.74	116	3.1	2.1	2.7
15	0.75	0.53	9.82	8.05	159	4.1	2.8	2.7
15	1.00	0.53	11.41	9.36	201	5.2	3.4	2.7
20	0.00	0.66	6.24	5.12	37	1.3	0.9	3.3
20	0.15	0.66	7.20	5.90	63	2.0	1.3	3.3
20	0.25	0.66	7.84	6.43	80	2.4	1.6	3.3
20	0.50	0.66	9.44	7.74	123	3.4	2.3	3.3
20	0.75	0.66	11.04	9.05	166	4.5	3.0	3.3
20	1.00	0.66	12.63	10.36	209	5.5	3.7	3.3
25	0.00	0.78	7.38	6.05	44	1.7	1.1	3.9
25	0.15	0.78	8.34	6.84	69	2.3	1.5	3.9
25	0.25	0.78	8.98	7.36	87	2.7	1.8	3.9
25	0.50	0.78	10.57	8.67	129	3.8	2.5	3.9
25	0.75	0.78	12.17	9.98	172	4.8	3.2	3.9
25	1.00	0.78	13.77	11.29	215	5.8	3.9	3.9
30	0.00	0.90	8.46	6.94	50	2.0	1.3	3.9
30	0.15	0.90	9.41	7.72	76	2.6	1.8	4.5
30	0.25	0.90	10.06	8.25	93	3.0	2.0	4.5
30	0.50	0.90	11.66	9.56	136	4.1	2.7	4.5
30	0.75	0.90	13.24	10.86	179	5.1	3.4	4.5
30	1.00	0.90	14.85	12.18	222	6.2	4.1	4.5

注：1. 泌乳后期指泌乳第 31~70 天。
2. 日粮中添加的食盐应符合 GB 5461 中的规定。

第六节　哺乳母羊的饲料配方实例

　　舍饲母绵羊饲料调配的主要目标是通过多种饲料的科学搭配，实现既可满足母绵羊的营养需要，又能最大限度节省饲料，使饲料投入成本降到最低。根据羊消化生理特点和营养需要，综合考虑饲养的适口性、饲料的营养价值及经济效益等方面的因素，饲喂时让母羊以采食干草或青草为主、用精料补充其中不足部分。

　　日粮是指每只羊每天所采食的饲料量。科学配置日粮是山羊生产过程中的一个关键环节。尽管山羊日粮的配合有前述饲养标准可依，但由于羊生产特点，特别是以放牧为主的山羊生产，有许多不易控制的因素，所以日粮的配制很难符合其营养需要。在实际生产中，山羊不能像奶牛那样逐个进行配料，如果逐个进行配料，饲喂时就会产生个体间进食量的差异。在放牧饲养的羊群，牧草采食量只能进行估计，再加上牧草品质、羊体状况、活动能力、天气状况等因素的不同，难以做到统一标准或统一日粮。解决的主要途径是：一方面将日粮标准侧重于主要生产环节，如配种期、妊娠后期、哺乳早期、羔羊育肥等，力求合理饲养；另一方面针对各种不同影响因素，控制日粮中能够控制的部分，以调整实际饲喂效果。比如，日粮一般包括粗饲料和精饲料，精饲料进食时基本上可以控制，尤其适于调整因牧草采食量波动而造成的能量摄入不足。

　　哺乳母羊日粮配合应遵循以下原则：①符合羊体哺乳期的生理需要；②结合饲养经验，拟定饲料配方；③适口性要好；④考虑采食量与饲料体积的关系，精粗料适当搭配；⑤有利于羊体健康，多种饲料搭配。由于反刍动物的消化生理特点，使制定饲料配方的灵活性很大。在满足粗饲料需要量的前提下，参考相应的饲养标准和典型配方。

一、泌乳前期母羊精料配方（配方58~71）

配方58　泌乳前期母羊混合精料配方

原料名称	配比/%	营养成分	含量
玉米	60	干物质/%	87.64
棉籽粕	15	粗蛋白/%	18.21
豆粕	12	粗脂肪/%	3.87

续表

原料名称	配比/%	营养成分	含量
小麦麸	8	粗纤维/%	2.78
磷酸氢钙	2	钙/%	0.87
石粉	1	磷/%	0.79
食盐	1	食盐/%	1.02
预混料	1	消化能/(兆焦/千克)	13.34
合计	100		

注：舍饲母羊日粮混合精料喂量为0.4～1.0千克，哺乳高峰期应加大精料喂量，粗饲料喂量为0.7～2.0千克。

配方59　泌乳前期母羊混合精料配方

原料名称	配比/%	营养成分	含量
玉米	55	干物质/%	86.94
棉籽粕	15	粗蛋白/%	17.98
小麦麸	15	粗脂肪/%	2.88
大豆粕	11	粗纤维/%	4.29
石粉	1.5	钙/%	0.86
磷酸氢钙	1	磷/%	0.67
预混料	1	食盐/%	0.49
食盐	0.5	消化能/(兆焦/千克)	13.02
合计	100		

注：舍饲母羊日粮混合精料喂量为0.4～1.0千克，哺乳高峰期应加大精料喂量，粗饲料喂量为0.7～2.0千克。

配方60　泌乳前期母羊混合精料配方

原料名称	配比/%	营养成分	含量
玉米	55	干物质/%	87.08
菜籽粕	15	粗蛋白/%	17.67
棉籽粕	14	粗脂肪/%	2.76
小麦麸	12	粗纤维/%	5.13
石粉	1.5	钙/%	0.92
磷酸氢钙	1	磷/%	0.72
预混料	1	食盐/%	0.49
食盐	0.5	消化能/(兆焦/千克)	12.86
合计	100		

注：舍饲母羊日粮混合精料喂量为0.4～1.0千克，哺乳高峰期应加大精料喂量，粗饲料喂量为0.7～2.0千克。

配方61　泌乳前期母羊混合精料配方

原料名称	配比/%	营养成分	含量
玉米	55	干物质/%	87.36
棉籽粕	12	粗蛋白/%	17.20
DDGS	12	粗脂肪/%	4.15
菜籽粕	9	粗纤维/%	4.72
小麦麸	8	钙/%	0.90
石粉	1.5	磷/%	0.69
磷酸氢钙	1	食盐/%	0.49
预混料	1	消化能/(兆焦/千克)	13.15
食盐	0.5		
合计	100		

注：舍饲母羊日粮混合精料喂量为0.4～1.0千克，哺乳高峰期应加大精料喂量，粗饲料喂量为0.7～2.0千克。

配方62　泌乳前期母羊混合精料配方

原料名称	配比/%	营养成分	含量
玉米	50	干物质/%	87.39
DDGS	15	粗蛋白/%	17.69
小麦麸	12	粗脂肪/%	4.63
菜籽粕	10	粗纤维/%	4.57
大豆粕	9	钙/%	0.91
石粉	1.5	磷/%	0.68
磷酸氢钙	1	食盐/%	0.49
预混料	1	消化能/(兆焦/千克)	13.21
食盐	0.5		
合计	100		

注：舍饲母羊日粮混合精料喂量为0.4～1.0千克，哺乳高峰期应加大精料喂量，粗饲料喂量为0.7～2.0千克。

配方63　泌乳前期母羊混合精料配方

原料名称	配比/%	营养成分	含量
玉米	55	干物质/%	87.09
大豆粕	15	粗蛋白/%	18.03
小麦麸	12	粗脂肪/%	4.26
DDGS	8	粗纤维/%	3.64
花生仁饼	6	钙/%	0.87
石粉	1.5	磷/%	0.61
磷酸氢钙	1	食盐/%	0.49
预混料	1	消化能/(兆焦/千克)	13.01
食盐	0.5		
合计	100		

注：舍饲母羊日粮混合精料喂量为0.4～1.0千克，哺乳高峰期应加大精料喂量，粗饲料喂量为0.7～2.0千克。

配方 64　泌乳前期母羊混合精料配方

原料名称	配比/%	营养成分	含量
玉米	55	干物质/%	87.09
棉籽粕	14	粗蛋白/%	18.39
小麦麸	11	粗脂肪/%	3.08
菜籽粕	10	粗纤维/%	4.81
花生仁饼	6	钙/%	0.90
石粉	1.5	磷/%	0.69
磷酸氢钙	1	食盐/%	0.49
预混料	1	消化能/(兆焦/千克)	12.64
食盐	0.5		
合计	100		

注：舍饲母羊日粮混合精料喂量为 0.4~1.0 千克，哺乳高峰期应加大精料喂量，粗饲料喂量为 0.7~2.0 千克。

配方 65　泌乳前期母羊混合精料配方

原料名称	配比/%	营养成分	含量
玉米	55	干物质/%	86.97
棉籽粕	12	粗蛋白/%	18.24
小麦麸	12	粗脂肪/%	3.21
大豆粕	11	粗纤维/%	4.19
亚麻仁饼	6	钙/%	0.88
石粉	1.5	磷/%	0.67
磷酸氢钙	1	食盐/%	0.49
预混料	1	消化能/(兆焦/千克)	12.70
食盐	0.5		
合计	100		

注：舍饲母羊日粮混合精料喂量为 0.4~1.0 千克，哺乳高峰期应加大精料喂量，粗饲料喂量为 0.7~2.0 千克。

配方 66　泌乳前期母羊混合精料配方

原料名称	配比/%	营养成分	含量
玉米	50	干物质/%	87.59
小麦麸	15	粗蛋白/%	17.18
大豆粕	12	粗脂肪/%	4.50
玉米胚芽饼	10	粗纤维/%	4.03
芝麻饼	9	钙/%	1.04
石粉	1.5	磷/%	0.77
磷酸氢钙	1	食盐/%	0.49
预混料	1	消化能/(兆焦/千克)	12.68
食盐	0.5		
合计	100		

注：舍饲母羊日粮混合精料喂量为 0.4~1.0 千克，哺乳高峰期应加大精料喂量，粗饲料喂量为 0.7~2.0 千克。

配方 67　泌乳前期母羊混合精料配方

原料名称	配比/%	营养成分	含量
玉米	55	干物质/%	87.48
大豆粕	12	粗蛋白/%	17.94
玉米 DDGS	10	粗脂肪/%	4.60
玉米胚芽饼	10	粗纤维/%	3.74
棉籽粕	9	钙/%	0.86
石粉	1.5	磷/%	0.70
磷酸氢钙	1	食盐/%	0.49
预混料	1	消化能/(兆焦/千克)	13.51
食盐	0.5		
合计	100		

注：舍饲母羊日粮混合精料喂量为 0.4～1.0 千克，哺乳高峰期应加大精料喂量，粗饲料喂量为 0.7～2.0 千克。

配方 68　中国美利奴母羊泌乳前期精料配方

原料名称	配比/%	营养成分	含量
玉米	50	干物质/%	87.30
向日葵仁饼	36	粗蛋白/%	18.47
大豆饼	9	粗脂肪/%	3.36
磷酸氢钙	1.5	粗纤维/%	8.57
石粉	1.5	钙/%	1.01
预混料	1	磷/%	0.75
食盐	1	食盐/%	0.98
		消化能/(兆焦/千克)	9.72
合计	100		

注：适用于 50 千克母羊。精料采食量 0.74 千克，禾本科青干草 0.84 千克，苜蓿青干草 0.53 千克。

配方 69　中国美利奴母羊泌乳前期精料配方

原料名称	配比/%	营养成分	含量
玉米	41.5	干物质/%	87.24
向日葵仁饼	25	粗蛋白/%	17.73
小麦麸	20	粗脂肪/%	3.51
大豆饼	9	粗纤维/%	8.00
石粉	1.5	钙/%	0.89
磷酸氢钙	1	磷/%	0.73
预混料	1	食盐/%	0.98
食盐	1	消化能/(兆焦/千克)	10.33
合计	100		

注：适用于 50 千克母羊。精料采食量 0.63 千克，禾本科青干草 0.70 千克，苜蓿青干草 0.60 千克，青贮玉米 1.60 千克。

配方70　中国美利奴母羊泌乳前期冬春补饲精料配方

原料名称	配比/%	营养成分	含量
玉米	71.5	干物质/%	86.83
向日葵仁饼	15	粗蛋白/%	11.98
小麦麸	9	粗脂肪/%	3.36
石粉	1.5	粗纤维/%	5.01
磷酸氢钙	1	钙/%	0.83
预混料	1	磷/%	0.58
食盐	1	食盐/%	0.98
		消化能/(兆焦/千克)	12.09
合计	100		

配方71　哺乳期母羊混合精料配方

原料名称	配比/%	营养成分	含量
玉米	58	干物质/%	86.76
大豆饼	29	粗蛋白/%	18.32
小麦麸	9	粗脂肪/%	4.09
石粉	1.5	粗纤维/%	3.09
磷酸氢钙	1	钙/%	0.87
预混料	1	磷/%	0.55
食盐	0.5	消化能/(兆焦/千克)	11.49
合计	100		

注：精料的日饲喂量为羊体重的1/15～1/10。

二、泌乳后期母羊精料配方（配方72～88）

配方72　泌乳后期母羊混合精料配方

原料名称	配比/%	营养成分	含量
玉米	60	干物质/%	86.86
小麦麸	16	粗蛋白/%	16.05
棉籽粕	12	粗脂肪/%	3.02
大豆粕	8	粗纤维/%	4.00
石粉	1.5	钙/%	0.85
磷酸氢钙	1	磷/%	0.64
预混料	1	食盐/%	0.49
食盐	0.5	消化能/(兆焦/千克)	13.08
合计	100		

注：精料饲喂量应逐渐减少为哺乳前期的70%，每天0.2～0.6千克，同时增加青草和普通青干草的供给量。

配方 73　泌乳后期母羊混合精料配方

原料名称	配比/%	营养成分	含量
玉米	60	干物质/%	86.86
小麦麸	16	粗蛋白/%	15.57
菜籽粕	12	粗脂肪/%	3.10
大豆粕	8	粗纤维/%	4.21
石粉	1.5	钙/%	0.90
磷酸氢钙	1	磷/%	0.65
预混料	1	食盐/%	0.49
食盐	0.5	消化能/(兆焦/千克)	13.03
合计	100		

注：精料饲喂量应逐渐减少为哺乳前期的70%，每天0.2～0.6千克，同时增加青草和普通青干草的供给量。

配方 74　泌乳后期母羊混合精料配方

原料名称	配比/%	营养成分	含量
玉米	57	干物质/%	87.01
小麦麸	15	粗蛋白/%	16.35
菜籽粕	14	粗脂肪/%	2.90
棉籽粕	10	粗纤维/%	4.91
石粉	1.5	钙/%	0.91
磷酸氢钙	1	磷/%	0.70
预混料	1	食盐/%	0.49
食盐	0.5	消化能/(兆焦/千克)	12.89
合计	100		

注：精料饲喂量应逐渐减少为哺乳前期的70%，每天0.2～0.6千克，同时增加青草和普通青干草的供给量。

配方 75　泌乳后期母羊混合精料配方

原料名称	配比/%	营养成分	含量
玉米	55	干物质/%	87.38
DDGS	15	粗蛋白/%	15.81
小麦麸	12	粗脂肪/%	4.66
菜籽粕	9	粗纤维/%	4.58
棉籽粕	5	钙/%	0.89
石粉	1.5	磷/%	0.68

续表

原料名称	配比/%	营养成分	含量
磷酸氢钙	1	食盐/%	0.49
预混料	1	消化能/(兆焦/千克)	13.21
食盐	0.5		
合计	100		

注：精料饲喂量应逐渐减少为哺乳前期的70%，每天0.2～0.6千克，同时增加青草和普通青干草的供给量。

配方76　泌乳后期母羊混合精料配方

原料名称	配比/%	营养成分	含量
玉米	55	干物质/%	87.33
DDGS	15	粗蛋白/%	16.01
小麦麸	12	粗脂肪/%	4.72
菜籽粕	9	粗纤维/%	4.33
大豆粕	5	钙/%	0.89
石粉	1.5	磷/%	0.66
磷酸氢钙	1	食盐/%	0.49
预混料	1	消化能/(兆焦/千克)	13.26
食盐	0.5		
合计	100		

配方77　泌乳后期母羊混合精料配方

原料名称	配比/%	营养成分	含量
玉米	55	干物质/%	87.48
DDGS	15	粗蛋白/%	15.11
小麦麸	10	粗脂肪/%	5.35
大豆粕	8	粗纤维/%	3.75
玉米胚芽饼	8	钙/%	0.85
石粉	1.5	磷/%	0.69
磷酸氢钙	1	食盐/%	0.49
预混料	1	消化能/(兆焦/千克)	13.51
食盐	0.5		
合计	100		

配方78　泌乳后期母羊混合精料配方

原料名称	配比/%	营养成分	含量
玉米	55	干物质/%	87.14
小麦麸	12	粗蛋白/%	16.26
亚麻仁粕	9	粗脂肪/%	4.01
大豆粕	8	粗纤维/%	4.00
玉米胚芽饼	7	钙/%	0.86
棉籽粕	5	磷/%	0.71
石粉	1.5	食盐/%	0.49
磷酸氢钙	1	消化能/(兆焦/千克)	12.66
预混料	1		
食盐	0.5		
合计	100		

配方79　泌乳后期母羊混合精料配方

原料名称	配比/%	营养成分	含量
玉米	55	干物质/%	87.13
小麦麸	10	粗蛋白/%	15.44
大豆粕	9	粗脂肪/%	3.98
米糠饼	9	粗纤维/%	3.98
棉籽粕	7	钙/%	0.85
玉米胚芽饼	6	磷/%	0.77
石粉	1.5	食盐/%	0.49
磷酸氢钙	1	消化能/(兆焦/千克)	12.59
预混料	1		
食盐	0.5		
合计	100		

配方80　泌乳后期母羊混合精料配方

原料名称	配比/%	营养成分	含量
玉米	55	干物质/%	87.16
啤酒糟	12	粗蛋白/%	16.56
大豆粕	9	粗脂肪/%	3.69
棉籽粕	7	粗纤维/%	4.66
小麦麸	7	钙/%	0.87

续表

原料名称	配比/%	营养成分	含量
玉米胚芽饼	6	磷/%	0.64
石粉	1.5	食盐/%	0.49
磷酸氢钙	1	消化能/(兆焦/千克)	12.36
预混料	1		
食盐	0.5		
合计	100		

配方81　泌乳后期母羊混合精料配方

原料名称	配比/%	营养成分	含量
玉米	55	干物质/%	76.60
玉米酒糟	12	粗蛋白/%	16.32
小麦麸	9	粗脂肪/%	4.21
棉籽粕	7	粗纤维/%	4.22
大豆粕	7	钙/%	0.84
玉米胚芽饼	6	磷/%	0.68
石粉	1.5	食盐/%	0.49
磷酸氢钙	1	消化能/(兆焦/千克)	11.63
预混料	1		
食盐	0.5		
合计	100		

配方82　泌乳后期母羊混合精料配方

原料名称	配比/%	营养成分	含量
大麦(裸)	22	干物质/%	88.40
小麦麸	25	粗蛋白/%	15.61
米糠	24	粗脂肪/%	6.60
大豆粕	5	粗纤维/%	6.39
燕麦	15	钙/%	0.82
菜籽粕	5	磷/%	0.81
石粉	2	食盐/%	0.98
预混料	1	消化能/(兆焦/千克)	9.29
食盐	1		
合计	100		

注：每日可以饲喂0.7~1.5千克混合精料。此外，还得添加稻草粉0.75千克、青草1千克、蚕沙0.25千克。

配方 83　母羊哺乳期混合精料配方

原料名称	配比/%	营养成分	含量
高粱	36	干物质/%	87.32
玉米	23	粗蛋白/%	15.47
米糠	18	粗脂肪/%	2.83
大豆粕	18	粗纤维/%	5.36
石粉	1.5	钙/%	0.96
磷酸氢钙	1.5	磷/%	0.80
食盐	1	食盐/%	1.05
预混料	1	消化能/(兆焦/千克)	13.13
合计	100		

注：本配方可用于体重60千克产单羔的母羊使用，日喂精料300克。饲喂该饲料时，可补喂一些多汁饲料，如胡萝卜有催乳作用。羔羊日增重200~250克，粗饲料必须是优质的青干草或优质树叶。

配方 84　舍饲绵羊哺乳期精料配方

原料名称	配比/%	营养成分	含量
小麦麸	50	干物质/%	86.90
玉米	46	粗蛋白/%	11.85
石粉	1.5	粗纤维/%	5.19
预混料	1	钙/%	0.71
食盐	1	磷/%	0.67
磷酸氢钙	0.5	消化能/(兆焦/千克)	12.64
合计	100		

注：1. 该配方适用于哺乳单羔、最后8周体重为60千克的母羊。

2. 每只母羊每天饲喂精料0.66千克。粗饲料可以按羊草：苜蓿干草：玉米秸：稻草比例为2∶1∶5∶2搭配，日饲喂量为1.52千克。

配方 85　舍饲绵羊哺乳期精料配方

原料名称	配比/%	营养成分	含量
玉米	65	干物质/%	86.71
小麦麸	28	粗蛋白/%	11.37
大豆粕	3	粗脂肪/%	3.49
石粉	1.5	粗纤维/%	3.69
预混料	1	钙/%	0.70
食盐	1	磷/%	0.54
磷酸氢钙	0.5	食盐/%	0.98
		消化能/(兆焦/千克)	13.08
合计	100		

注：1. 该配方适用于哺乳单羔前8周或哺乳双羔最后8周体重为60千克的母羊。

2. 每周饲喂精料1.58千克。粗饲料可以按羊草：苜蓿干草：玉米秸：稻草比例为2∶1∶5∶2搭配，日喂量为1.02千克。

配方86 舍饲绵羊哺乳期精料配方

原料名称	配比/%	营养成分	含量
玉米	61	干物质/%	86.75
小麦麸	28	粗蛋白/%	12.78
大豆粕	7	粗脂肪/%	3.42
石粉	1.5	粗纤维/%	3.83
预混料	1	钙/%	0.71
食盐	1	磷/%	0.55
磷酸氢钙	0.5	消化能/(兆焦/千克)	13.05
合计	100		

注：1. 该配方适用于哺乳双羔、前8周体重为60千克的母羊。

2. 每只母羊每天饲喂精料1.77千克。粗饲料可以按羊草：苜蓿干草：玉米秸：稻草比例为2:1:5:2搭配，日饲喂量为1.19千克。

配方87 按美国NRC标准配制的母羊日粮配方

原料名称	配比/%	营养成分	含量
苜蓿干草	57.5	干物质/%	90.40
玉米	30	粗蛋白/%	14.32
大豆饼	5	粗脂肪/%	2.11
糖蜜	5	粗纤维/%	17.68
预混料	1	钙/%	1.26
食盐	1	磷/%	0.35
磷酸氢钙	0.5	食盐/%	0.98
		消化能/(兆焦/千克)	7.60
合计	100		

配方88 羊哺乳后期混合精料配方

原料名称	配比/%	营养成分	含量
玉米	60	干物质/%	87.39
小麦麸	15	粗蛋白/%	15.15
胡麻饼	13	粗脂肪/%	3.87
大豆饼	8	粗纤维/%	3.95
石粉	1.5	钙/%	0.89
磷酸氢钙	1	磷/%	0.61
预混料	1	食盐/%	0.49
食盐	0.5	消化能/(兆焦/千克)	11.98
合计	100		

注：在实际生产中，还得给混合精料中加入一定比例的粗饲料，从而维持母羊的正常需要。

三、哺乳母羊全混日粮配方（配方89～107）

配方89　母羊哺乳期饲料配方

原料名称	配比/%	营养成分	含量
玉米	30	干物质/%	90.26
玉米秸秆	29	粗蛋白/%	9.73
小麦麸	26	粗脂肪/%	2.7
高粱	10	粗纤维/%	10.26
磷酸氢钙	1.5	钙/%	0.72
棉籽粕	1	磷/%	0.61
石粉	1	食盐/%	0.55
预混料	1	消化能/(兆焦/千克)	13.08
食盐	0.5		
合计	100		

注：本配方可用于农区舍饲哺乳母羊。

配方90　母羊哺乳期饲料配方

原料名称	配比/%	营养成分	含量
玉米	40	干物质/%	90.96
青贮玉米秸秆	36	粗蛋白/%	8.72
高粱	10	粗脂肪/%	3.32
米糠	7	粗纤维/%	10.3
豆粕	3	钙/%	0.7
磷酸氢钙	1.5	磷/%	0.5
石粉	1	食盐/%	0.52
预混料	1	消化能/(兆焦/千克)	11.48
食盐	0.5		
合计	100		

注：本配方可用于农区舍饲哺乳母羊。

配方91　母羊哺乳期饲料配方

原料名称	配比/%	营养成分	含量
玉米	44	干物质/%	90.14
青贮玉米秸秆	28	粗蛋白/%	11.02
高粱	10	粗脂肪/%	2.51
小麦麸	6	粗纤维/%	9.03
棉籽粕	4.5	钙/%	0.61
大豆粕	4	磷/%	0.44

续表

原料名称	配比/%	营养成分	含量
石粉	1	食盐/%	0.52
磷酸氢钙	1	消化能/(兆焦/千克)	11.85
预混料	1		
食盐	0.5		
合计	100		

注：本配方可用于农区舍饲哺乳母羊。

配方92　母羊哺乳期饲料配方

原料名称	配比/%	营养成分	含量
玉米	36	干物质/%	90.82
作物秸秆	34	粗蛋白/%	10.62
小麦麸	10	粗脂肪/%	2.37
高粱	10	粗纤维/%	10.81
棉籽粕	7	钙/%	0.51
石粉	1	磷/%	0.38
预混料	1	食盐/%	0.53
磷酸氢钙	0.5	消化能/(兆焦/千克)	11.44
食盐	0.5		
合计	100		

注：本配方为哺乳双羔母羊饲料配方，每只每日需补喂富含胡萝卜素的青绿饲料2~4千克。

配方93　母羊哺乳期饲料配方

原料名称	配比/%	营养成分	含量
青干草	33	干物质/%	90.64
小麦麸	28	粗蛋白/%	9.85
玉米	24	粗脂肪/%	2.63
高粱	11	粗纤维/%	11.35
棉籽粕	1	钙/%	0.51
石粉	1	磷/%	0.45
预混料	1	食盐/%	0.55
磷酸氢钙	0.5	消化能/(兆焦/千克)	11.21
食盐	0.5		
合计	100		

注：本配方为哺乳双羔母羊饲料配方，每只每日需补喂富含胡萝卜素的青绿饲料2~4千克。

配方 94　母羊哺乳期饲料配方

原料名称	配比/%	营养成分	含量
青干草	34	干物质/%	89.38
玉米	32	粗蛋白/%	11.87
小麦麸	9	粗脂肪/%	4.02
高粱	9	粗纤维/%	12.50
棉籽粕	6	钙/%	0.81
玉米胚芽饼	6	磷/%	0.52
石粉	1.5	食盐/%	0.49
磷酸氢钙	1	消化能/(兆焦/千克)	11.13
预混料	1	代谢能/(兆焦/千克)	9.04
食盐	0.5		
合计	100		

注：每日需补喂青绿饲料 2~4 千克。

配方 95　母羊哺乳期饲料配方

原料名称	配比/%	营养成分	含量
玉米	40	干物质/%	90.63
作物秸秆	32	粗蛋白/%	11.32
高粱	8	粗脂肪/%	3.26
米糠	7	粗纤维/%	9.96
棉籽粕	6	钙/%	0.51
大豆粕	4	磷/%	0.4
石粉	1	食盐/%	0.52
预混料	1	消化能/(兆焦/千克)	11.77
磷酸氢钙	0.5		
食盐	0.5		
合计	100		

注：每日需补喂青绿饲料 2~4 千克。

配方 96　母羊哺乳期饲料配方

原料名称	配比/%	营养成分	含量
青干草	33	干物质/%	90.7
玉米	26	粗蛋白/%	10.98
小麦麸	10	粗脂肪/%	4.1
米糠	10	粗纤维/%	11.02
高粱	10	钙/%	0.53
菜籽饼	6	磷/%	0.49

续表

原料名称	配比/%	营养成分	含量
豆粕	2	食盐/%	0.54
豆粉	1	消化能/(兆焦/千克)	11.50
预混料	1		
磷酸氢钙	0.5		
食盐	0.5		
合计	100		

注：每日需补喂青绿饲料2~4千克。

配方97 母羊哺乳期饲料配方

原料名称	配比/%	营养成分	含量
玉米秸	32	干物质/%	88.02
玉米	30	粗蛋白/%	11.32
大麦（裸）	20	粗脂肪/%	2.10
棉籽粕	8	粗纤维/%	10.23
小麦麸	6.5	钙/%	0.63
磷酸氢钙	1	磷/%	0.47
预混料	1	食盐/%	0.49
石粉	1	消化能/(兆焦/千克)	8.69
食盐	0.5		
合计	100		

注：每日需补喂青绿饲料2~4千克。

配方98 母羊哺乳期饲料配方

原料名称	配比/%	营养成分	含量
玉米	36	干物质/%	88.12
青干草	34	粗蛋白/%	11.20
高粱	10	粗脂肪/%	2.64
棉籽粕	6	粗纤维/%	10.37
麸皮	6	钙/%	0.76
大豆粕	4	磷/%	0.56
磷酸氢钙	1.5	食盐/%	0.49
预混料	1	消化能/(兆焦/千克)	11.50
石粉	1		
食盐	0.5		
合计	100		

注：每日需补喂青绿饲料2~4千克。

配方 99　母羊哺乳期饲料配方

原料名称	配比/%	营养成分	含量
玉米秸	34	干物质/%	88.18
玉米	30	粗蛋白/%	9.45
小麦麸	22	粗脂肪/%	2.94
高粱	10	粗纤维/%	11.33
磷酸氢钙	1.5	钙/%	0.75
预混料	1	磷/%	0.65
石粉	1	食盐/%	0.49
食盐	0.5	消化能/(兆焦/千克)	11.18
合计	100		

配方 100　母羊哺乳期饲料配方

原料名称	配比/%	营养成分	含量
玉米	40	干物质/%	88.74
苜蓿干草	25	粗蛋白/%	10.53
玉米秸	16	粗脂肪/%	2.83
高粱	10	粗纤维/%	12.52
麸皮	6	钙/%	0.75
磷酸氢钙	1	磷/%	0.47
预混料	1	食盐/%	0.98
食盐	1	消化能/(兆焦/千克)	10.54
合计	100		

配方 101　母羊哺乳期饲料配方

原料名称	配比/%	营养成分	含量
玉米	47	干物质/%	88.05
小麦麸	15	粗蛋白/%	12.56
青干草	15	粗脂肪/%	3.90
高粱	10	粗纤维/%	8.18
向日葵仁粕	5	钙/%	0.71
大豆粕	4	磷/%	0.52
石粉	1.5	食盐/%	0.98
预混料	1	消化能/(兆焦/千克)	11.84
食盐	1		
磷酸氢钙	0.5		
合计	100		

配方 102　母羊哺乳期饲料配方

原料名称	配比/%	营养成分	含量
玉米秸	32	干物质/%	88.09
玉米	37	粗蛋白/%	9.29
米糠	15	粗脂肪/%	4.83
高粱	10	粗纤维/%	9.94
大豆粕	2	钙/%	0.68
石粉	1.5	磷/%	0.52
预混料	1	食盐/%	0.98
食盐	1	消化能/(兆焦/千克)	10.72
磷酸氢钙	0.5		
合计	100		

注：把作物秸秆、青干草去掉，所余为精料混合料配方。混合精料与粗饲料之比为 3：1。因饲喂作物秸秆，每只母羊每日需补充胡萝卜等富含胡萝卜素的青饲料 2~4 千克。

配方 103　按美国 NRC 标准配制的母羊日粮配方

原料名称	配比/%	营养成分	含量
玉米青贮	80	干物质/%	35.47
玉米	13	粗蛋白/%	5.07
大豆饼	6.5	粗脂肪/%	1.32
磷酸氢钙	0.5	粗纤维/%	6.03
		钙/%	0.22
		磷/%	0.20
		消化能/(兆焦/千克)	4.14
合计	100		

配方 104　泌乳母羊日粮组成（每日每头）

原料名称	配比/千克	营养成分	含量
禾本科干草	1.5	干物质/(千克/天)	2.67
豆科干草	0.5	粗蛋白/(克/天)	268.69
胡萝卜	0.5	粗脂肪/(克/天)	80.76
青贮玉米	1.8	粗纤维/(克/天)	712.55
玉米	0.25	钙/(克/天)	16.39
豆饼	0.1	磷/(克/天)	9.23
		消化能/(兆焦/千克)	14.69
合计	4.65		

注：本配方适用于 50~60 千克毛用型及毛肉兼用型品种母羊，可保证双羔羊平均日增重 300~400 克。本配方特点是所用原料农村中易得到，价格便宜，降低成本，经济效益高。

配方 105　母羊哺乳期饲料配方

原料名称	配比/%	营养成分	含量
玉米	40	干物质/%	90.87
氨化玉米秸秆	34	粗蛋白/%	9.42
高粱	10	粗脂肪/%	2.38
小麦麸	7	粗纤维/%	10.34
棉籽粕	4.5	钙/%	0.88
石粉	1.5	磷/%	0.50
磷酸氢钙	1.5	食盐/%	0.52
食盐	0.5	消化能/(兆焦/千克)	11.34
预混料	1		
合计	100		

注：本配方可用于农区舍饲哺乳母羊。

配方 106　母羊哺乳期日粮配方（每日每头）

原料名称	配比/千克	营养成分	含量
混合精料	0.5	干物质/(千克/天)	2.47
苜蓿干草	1.0	粗蛋白/(克/天)	363.10
青干草	1.0	粗脂肪/(克/天)	83.80
胡萝卜	1.50	粗纤维/(克/天)	627.63
磷酸氢钙	0.005	钙/(克/天)	26.11
食盐	0.006	磷/(克/天)	7.15
		消化能/(兆焦/天)	21.61
合计	4.011		

注：本配方适用于哺乳双羔的母羊。

配方 107　中国美利奴母羊泌乳前期冬春补饲日粮配方（每日每头）

原料名称	配比/千克	营养成分	含量
混合精料	0.5	干物质/(千克/天)	0.89
青贮玉米	2.0	粗蛋白/(克/天)	107.76
		粗脂肪/(克/天)	31.35
		粗纤维/(克/天)	157.75
		钙/(克/天)	6.46
		磷/(克/天)	4.25
		消化能/(兆焦/天)	10.51
合计	2.5		

第七章 羊的饲养标准和常用饲料营养参数

第一节 羊的营养需要量

羊在生长、繁殖和生产过程中,需要多种营养物质,包括:能量、蛋白质、矿物质、维生素及水。羊对这些营养物质的需要可分为维持需要和生产需要。维持需要是指羊为维持正常生理活动,体重不增不减,也不进行生产时所需的营养物质量。羊的生产需要指羊在进行生长、妊娠、泌乳和产毛时对营养物质的需要量。

由于羊的营养需要量大都是在实验室条件下通过大量试验,并用一定数学方法(如析因法等)得到的估计值,一定程度上也受试验手段和方法的影响,加之羊的饲料组成及生存环境变异性很大,因此在实际使用时应作相应的调整。

一、干物质

干物质是羊对所有固形物质养分需要的总称,羊干物质采食量占羊体重的3%~5%。其干物质采食量受羊个体特点、饲料、饲喂方式以及外界环境因素影响。

1. 肉用绵羊的干物质需要量

中国农业科学院畜牧所(2003)采用下列公式计算肉用绵羊的干物质采食量。

粗料型日粮:指日粮中粗饲料比例大于55%时,按式(7-1)计算干物质采食量:

$$DMI=(1+F\times 17.51)\times(104.7\times q_m-0.307\times LBW-15.0)\times LBW^{0.75} \quad (7-1)$$

精料型日粮:指日粮中粗饲料比例小于55%时,按式(7-2)计算干物质采食量:

$$DMI = (1 + F \times 17.51) \times (150.3 - 78 \times q_m - 0.408 \times LBW) \times LBW^{0.75}$$
(7-2)

DMI：干物质采食量，单位为千克/天；

LBW：动物活体重，单位为千克；

q_m：维持饲养水平条件下总能代谢率，根据日粮代谢能除以总能计算得到；

F——校正系数，按式（7-3）计算：
$$F = -0.035 + 0.076 \times ME - 0.015 \times ME^2$$
(7-3)

式(7-3)中，F——校正系数；ME——日粮干物质中代谢能浓度（兆焦/千克）。

2. 肉用山羊干物质需要量

中国农业科学院畜牧所（2003）提出的计算公式如下：
$$DMI = (26.45 \times W^{0.75} + 0.99 \times ADG)/1000$$
(7-4)

DMI：干物质进食量，单位为千克/天；

ADG：平均日增重，单位为克/天。

二、能量需要

目前表示能量需要的常用指标有代谢能和净能两大类。由于不同饲料在不同生产目的情况下代谢能转化为净能的效率差异很大，因此，采用净能指标较为准确。羊的维持、生长、妊娠、产奶和产毛所需净能需分别进行测定和计算。维持能量需要和生产能量需要的总和就是羊的能量总需要量。

1. 维持能量需要

一般认为羊维持需要的能量与代谢体重（活体重的 0.75 次方，$W^{0.75}$）在一定的活体重范围内呈直线相关关系，美国国家研究委员会（NRC）（1985）认为其关系可用下面的数学表达式表示：

维持能量需要（NE_m，千焦）$= 234.19 \times W^{0.75}$

式中，NE_m 为维持净能，W 为活体重。

2. 生长能量需要

NRC（1985）认为，中等体形的绵羊（成年体重为110千克）在空腹体重20～50千克的范围内用于组织生长的能量需要量为：

$$NE_g(千焦/天) = 409 LWG \times W^{0.75}$$

式中，NE_g 为生长净能，LWG 为活体增重（克），$W^{0.75}$ 为代谢体重（千克）。

对于大型（成年体重大于 110 千克）和小型绵羊（成年体重小于 110 千克），成年体重每增加或减少 10 千克，生长净能的需要量相应减少或增加 87.82 千焦 $\times LWG \times W^{0.75}$。

有人认为同品种公羊每千克增重所需要的能量是母羊的 0.82，但 NRC 考虑到目前仍没有足够的研究资料能证实此数据，因此公羊和母羊仍采取相同的能量需要量。

3. 妊娠的能量需要

NRC（1985）认为羊妊娠前 15 周由于胎儿的绝对生长很小，所以能量需要较少，给予维持能量加少量的母体增重需要，即可满足妊娠前期的能量需要。在妊娠后期由于胎儿的生长较快，因此需额外补充能量，以满足胎儿生长的需要。妊娠后期每天需增加的能量见表 7-1。

表 7-1　母羊妊娠不同个数羔羊时在妊娠后期的净能需要量（千焦/天）

妊娠羔羊数/只	妊娠天数/天		
	100	120	140
1	292.74	606.39	1087.32
2	522.75	1108.23	1840.08
3	710.94	1442.79	2383.74

从表 7-1 可以看出，在妊娠的后 6 周，能量的需要量在怀单羔时是维持能量需要的 1.5 倍，怀双羔时则约为维持需要量的 2 倍。

4. 产奶的能量需要

绵羊在产后 12 周泌乳期内，代谢能转化为泌乳净能的效率为 65%～83%，但该值因饲料不同差异很大。

5. 产毛的能量需要

产毛的能量需要包括合成羊毛消耗的能量和毛沉积的能量。产毛的能量需要约为维持需要的 10%。体重 50 千克、年产毛 4 千克的美利奴绵羊，每日基础代谢为 5024.16 千焦，沉积于毛中的能量为 230.12 千焦，平均每产 1 克净毛需要消耗 628.024 千焦代谢能。NRC（1985）认为，产毛只需要很少的能量，占能量总需要的比例很小。因此，产毛的能量需要没有列入饲养标准中。

三、蛋白质需要

蛋白质需要量目前主要使用的指标有粗蛋白和可消化粗蛋白。可消化粗蛋白可由其粗蛋白质含量乘以粗蛋白消化率而得。由于以上两种蛋白质指标不能真实反映反刍动物蛋白质消化代谢的实质,从20世纪80年代以来,提出了以小肠可消化蛋白为基础的反刍动物新蛋白体系,但目前因缺少基础数据,所以还没有在羊饲养实践中应用。现按NRC(1985)的计算公式说明羊的蛋白质需要量。

粗蛋白质需要量(克/天)$= (PD+MFP+EUP+DL+Wool)/NPV$

(7-5)

式(7-5)中 PD 为羊每日的蛋白质沉积量,MFP 为粪中代谢蛋白质的日排出量,EUP 为尿内源蛋白质的日排出量,DL 为每日皮肤脱落的蛋白质量,$Wool$ 为羊毛生长每日沉积的蛋白质,NPV 为蛋白质的净效率。

其中 PD 可由下式推得:

$$PD(克/天)=日增重(千克)\times(268-29.2\times EGOC) \quad (7-6)$$

式(7-6)中 $EGOC$ 为日增重的能量含量,可由下式推出:

$$EGOC=NE_g(千焦/天)/4.128DG(克/天) \quad (7-7)$$

式(7-7)中 DG 为日增重,NE_g 为生长净能需要量。对于妊娠母羊,在妊娠前期设定为每天2.95克,后期(后4周)为16.75克,对于怀双羔的母羊可以按比例提高。对于哺乳母羊,按产单羔时每天泌乳1.74千克、双羔时2.60千克、乳中粗蛋白含量每升47.875克计算。青年哺乳母羊的泌乳量按上述数据的70%计算。

在式(7-5)中,MFP、EUP、DL 可通过下列公式求得:

$MFP(克/天)=33.44\times$进食干物质(千克)

$EUP(克/天)=0.14675\times$活体重(千克)$+3.375$

$DL(克/天)=0.1125\times W^{0.75}$

在式(7-5)中,羊毛沉积蛋白质对成年羊假设每年产毛4千克,每天羊毛中沉积的粗蛋白量为6.8克。

在式(7-5)中 NPV 是根据粗蛋白真消化率0.85及其生物学效价0.66计算而得,其值为0.561。

四、矿物质营养需要

羊需要多种矿物质，矿物质是组成羊机体不可缺少的部分，它参与羊的神经系统、肌肉系统、营养的消化、运输及代谢、体内酸碱平衡等活动，也是体内多种酶的重要组成部分和激活因子。矿物质营养缺乏或过量都会影响羊的生长发育、繁殖和生产性能，严重时导致死亡。现已证明，至少15种矿物质元素是羊体所必需的，其中常量元素7种，包括钠、钾、钙、镁、氯、磷和硫；微量元素8种，包括碘、铁、钼、铜、钴、锰、锌和硒。

1. 钠、钾、氯

钠、钾、氯是维持渗透压、调节酸碱平衡、控制水代谢的主要元素。此外，氯还参与胃液盐酸形成，以活化胃蛋白酶。植物性饲料中钠的含量最少，其次是氯，钾一般不缺乏。羊的饲料以植物性饲料为主，所以钠和氯不能满足其正常的生理需要。一般用食盐补充钠和氯，既是营养素又是调味剂，可提高食欲，促进生长发育。一般在日粮干物质中添加0.5%的食盐即可满足羊对钠和氯的需要。在羊的饲养中，每天给每只羊补饲5~8克食盐，也可基本满足其需要。但过量食入食盐，饮水又不足时会出现腹泻，严重者可引起中毒、死亡。为了避免发生中毒，可以将食盐与其他矿物质及辅料混合后制成舔砖让羊自由舔食。钾的主要功能是维持体内渗透压和酸碱平衡。羊对钾的需要要求钾占饲料干物质的0.5%~0.8%。

2. 钙和磷

钙和磷是形成骨骼和牙齿的主要成分，约有99%的钙和80%的磷存在于骨骼和牙齿中。其余少量钙存在于血清及软组织中，少量磷以核蛋白形式存在于细胞核中和以磷脂的形式存在于细胞膜中。钙和磷的消化与吸收关系极为密切，饲料中正常的钙磷比例应为（1.5~2）:1。日粮中钙、镁的含量对磷的吸收率影响很大，高钙、高镁不利于磷的吸收。

大量研究表明，在放牧条件下，羊很少发生钙、磷缺乏，这可能与羊喜食含钙、磷较多的植物有关。农作物秸秆含磷较低，而谷实类（玉米、高粱）、饼粕、糠麸含磷较高。因此，在舍饲条件下如以粗饲料为主，应注意补充磷；以精饲料为主则应注意补充钙。大量饲喂某些含草酸多的青饲料会影响钙的吸收。

母羊泌乳期间，由于奶中的钙、磷含量较高，产奶量相对于体重的比例较大，所以应特别注意对母羊补充钙和磷。如长期供应不足，容易造成体内钙、磷贮存严重降低，最终导致溶骨症。磷缺乏时，羊出现异食癖，如啃羊毛、泥土等。羔羊缺乏钙、磷时，生长缓慢、食欲减退、骨骼发育受阻，容易发生佝偻病。

钙、磷过量会抑制干物质采食量，抑制瘤胃微生物的生长繁殖，影响羊的生长，并会影响锌、锰、铜等矿物元素的吸收。日粮补钙、磷应使用碳酸钙、氯化钙、磷酸氢钙和磷酸三钙等。

3. 镁

镁是骨骼和牙齿的成分之一，也是体内许多酶的重要成分，具有维持神经系统正常功能的作用，有60%～70%的镁存在于骨骼和牙齿中。在体内镁是磷酸酶、氧化酶、激酶、肽酶、精氨酸酶等多种酶的活化因子，参与蛋白质、脂肪和碳水化合物的代谢和遗传物质的合成等，调节神经肌肉兴奋性、维持神经肌肉的正常功能。反刍动物需镁量高，一般是非反刍动物的4倍左右，加之饲料中镁含量变化大、吸收率低，因此出现缺乏症的可能性大。

羊缺镁时出现生长受阻、兴奋、痉挛、厌食、肌肉抽搐等症状。缺镁是引起羊大量采食青草后患抽搐症的主要原因，常发生在产羔后第1个月泌乳高峰期或哺乳双羔的母羊，症状是走路蹒跚，伴随剧烈痉挛，几小时后死亡，但慢性症状不易察觉。在晚冬和初春放牧季节，因牧草含镁量少，羊只对嫩绿青草中镁的利用率较低，易发生镁缺乏。治疗羊缺镁病可皮下注射硫酸镁药剂，以放牧为主的羊可以对牧草施镁肥以预防缺镁。镁过量可造成羊中毒，主要表现为昏睡、运动失调、腹泻，甚至死亡。干草中镁的吸收率高于青草，饼粕和糠麸中镁含量丰富。舍饲羊较少发生镁缺乏症。

4. 硫

硫是羊必需矿物质元素之一，参与氨基酸、维生素和激素的代谢，并具有促进瘤胃微生物生长的作用。无论有机硫还是无机硫，被羊采食后均降解成硫化物，然后合成含硫氨基酸。羊补饲非蛋白氮时应补饲硫，否则瘤胃中氮与硫的比例不当，而不能被瘤胃微生物有效利用。研究表明，羊日粮中氮硫比为7.5∶1时，饲草中粗蛋白和中性洗涤纤维的降解率增加，日粮干物质、粗纤维、氮的表观消化率以及氮的沉积量增加，羊日增重显著增加，同时也提高了饲料利用效率，应用于生产可以提高经济效益。

常用的硫补充原料有无机硫和有机硫两种。无机硫补充料有硫酸钙、硫酸铵、硫酸钾等，有机硫补充料有蛋氨酸。有机硫的补充效果优于无机硫。

5. 碘

碘是甲状腺素的成分，主要参与体内能量代谢过程。碘缺乏表现为明显的地域性，如我国新疆南部、陕西南部和山西东南部等部分地区缺碘，其土壤、牧草和饮水中的碘含量较低。同其他家畜一样，羊缺碘时甲状腺肿大、生长缓慢、繁殖性能降低、新生羔羊衰弱。成年羊血清中碘含量为3～4毫克/100毫升，低于此数值是缺碘的标志。在缺碘地区，给羊舔食含碘的食盐可有效预防缺碘。一般推荐的碘含量为每千克干物质中0.15毫克。

6. 铜和钼

铜有催化红细胞和血红素形成的作用，是黄嘌呤氧化酶及硝酸还原酶的组成成分。铜和钼的吸收及代谢密切相关。铜是绵羊正常生长繁殖所必需的微量元素。我国以及世界许多地方均发生过羊的铜缺乏症，世界上估计每年有上千万个可见临床症状的铜缺乏病例，并且呈上升趋势，给养羊生产带来严重损失。然而，值得注意的是，尽管对铜缺乏有过广泛的调查，但对铜缺乏产生和发病机制的研究，仅在近些年才开始。铜缺乏的产生与否不但依赖于饲料中铜的总含量，而且与影响铜吸收和利用的其他因素有重要关系。在这些因素中，饲料中钼和硫的含量最为重要。饲料中铜、钼及硫的含量随植物种类、土壤条件和施肥的变化而变化。饲料中钼和硫含量的微小变化，反刍动物铜的吸收、分布和排泄就有可能发生巨大改变，结果出现铜缺乏或铜中毒的综合性临床症状。通过国内外的大量研究，认为铜-钼-硫三者相互作用的机制为：饲料中的硫酸盐或含硫氨基酸经过瘤胃微生物的作用均转化为硫化物，硫化物与铜有较强的亲和力，两者相互作用可使铜在消化道中的溶解度降低。此外，硫离子可逐步取代钼酸根离子中的氧，形成氧硫钼酸盐或硫代钼酸盐，后二者与铜形成一些新的化合物，导致铜不能为机体所利用。研究表明，肉用绵羊适宜的饲料铜源有碱式氯化铜、赖氨酸铜和铜蛋白盐。在低钼（2.55毫克/千克）条件下，除氧化铜外，其他四种铜源的性能相似，并且都优于氧化铜；在高钼（12.55毫克/千克）条件下，碱式氯化铜、赖氨酸铜和铜蛋白盐中铜的消化吸收不受瘤胃中硫钼拮抗作用的影响，综合效果显著优于硫酸铜和氧化铜。羊饲料中铜和钼的适宜比例应为（6～10）：1。

7. 钴

钴参与血红素和红细胞的形成。钴对于羊等反刍动物还有特别意义，可以促进瘤胃微生物的生长，增强瘤胃微生物对纤维素的分解，参与维生素 B_{12} 的合成，对瘤胃蛋白质的合成及尿素酶的活性有较大影响。

血液及肝脏中钴的含量可作为羊体是否缺钴的标志。血清中钴含量 0.25～0.30 微克/升为缺钴的临界值；若低于 0.20 微克/升为严重缺钴。正常情况下，羊肝脏中钴的含量为 0.19 毫克/千克。

羊缺钴时表现为食欲减退、生长受阻、饲料利用率低，成年羊体重下降、贫血，繁殖力、泌乳量降低。严重缺钴会阻碍羊对饲料的正常消化，造成妊娠母羊流产、青年羊死亡。钴可通过口服或注射维生素 B_{12} 来补充，也可用氧化钴制成钴丸，使其在瘤胃中缓慢释放，达到补钴的目的。

羊对钴的耐受量比较高，日粮中含量可以高达 10 毫克/千克。日粮钴的含量超过需要量的 300 倍时动物会产生中毒反应。一般来说，生产中羊钴中毒的可能性较小，且钴的毒性较低，过量时会出现厌食、体重下降、贫血等症状，与缺乏症相似。

不同钴源的生物学效价不同。研究表明，硫酸钴、氯化钴和乙酸钴均为羊较好的钴源，而氧化钴不宜作为钴添加剂。羊日粮中钴的适宜添加水平为 0.25～0.50 毫克/千克（即适宜需要量为 0.336～0.586 毫克/千克）。钴和铜合用及其不同的配比对血液维生素 B_{12} 含量无协同效应，但其适宜配比可促进脂肪和纤维的消化，并明显改善机体的造血机能。高剂量锌（150 毫克/千克）干扰和抑制钴的利用，降低维生素 B_{12} 的营养状况，不利于改善机体的造血机能。

8. 硒

硒是谷胱甘肽过氧化酶及多种微生物酶发挥作用的必需元素。硒还是体内一些脱碘酶的重要组成部分，缺硒时脱碘酶失去活性或活性降低。脱碘酶的作用是使三碘甲状腺原氨酸（T_4）转化为甲状腺素，而甲状腺素是动物体内一种很重要的激素,它调节许多酶的活性,影响动物的生长发育。研究还表明,硒也与羊冷应激状态下产热代谢有关,缺硒的动物在冷应激状态下产热能力降低,影响新生家畜抵御寒冷的能力,这对我国北方寒冷地区,特别是牧区提高羔羊成活率有重要指导意义。

缺硒有明显的地域性,常和土壤中硒的含量有关,当土壤含硒量在 0.1 毫克/千克以下时,羊即表现为硒缺乏。以日粮干物质计算,每千克日粮中硒含量超过 4 毫克时,即引起羊硒中毒。世界上很多地方都有缺硒的报道。正常情况下,缺硒与维生素 B 缺乏有关。缺硒对羔羊生长有严重影响,主要表现是白肌病,羔羊生长缓慢。此病多发生在羔羊出生后 2~8 周龄,死亡率很高。缺硒也影响母羊的繁殖能力。在缺硒地区,给母羊注射 1% 亚硒酸钠 1 毫升、羔羊出生后注射 0.5 毫升亚硒酸钠可预防此病发生。硒过量引起硒中毒大多数情况下是慢性积累的结果,羊长期采食硒含量超过 4 毫克/千克的牧草,将严重危害羊的健康。一般情况下硒中毒会使羊出现脱毛、蹄壳脱落、繁殖力下降等症状。

生产中常用的硒添加剂有亚硒酸钠和硒酸钠,前者的生物学利用率较高。研究表明,育肥羊日粮中亚硒酸钠为 0.3 毫克/千克干物质时,可以提高育肥羊的日增重,提高饲料利用率。目前生产中有机硒添加剂也有使用,主要是蛋氨酸硒和富硒酵母。羊育肥期蛋氨酸硒的添加量以 0.3~0.5 毫克/千克干物质为宜,有机硒的添加效果优于无机硒,但是其价格较高。一种新型的硒源——纳米硒,它是以蛋白质为分散剂的一种纳米粒子硒,其毒性低、生物活性高,现已成为动物硒营养的研究热点。羊育肥日粮中添加纳米硒 0.3~1.0 毫克/千克,增强了羊机体的抗氧化能力,促进了生长激素和胰岛素的分泌,从而促进了羊的生长。

9. 锌

锌是体内多种酶(如碳酸酐酶、羧肽酶)和激素(胰岛素、胰高血糖素)的组成成分,对羊的睾丸发育、精子形成有重要作用。锌缺乏时羊表现为精子畸形、公羊睾丸萎缩、母羊繁殖力下降,缺锌也使生长羔羊的采食量下降,降低机体对营养物质的利用率,增加氮和硫的尿排出量。一般情况下,羊可根据日粮含锌量的多少而调节锌的吸收。当日粮含锌少时,吸收率迅速增加,并减少体内锌的排出。NRC 推荐的锌需要量为 20～33 毫克/千克干物质。

10. 铁

铁主要参与血红蛋白的形成，也是多种氧化酶和细胞色素酶的成分。缺铁的典型症状是贫血。一般情况下，由于牧草中铁的含量较高，因而放牧羊不易发生缺铁，哺乳羔羊和饲养在漏缝地板的舍饲羊易发生缺铁。NRC（1985）提出，每千克日粮干物质含 30 毫克铁即可满足羊对铁的需要量。铁过量易引起羔羊的曲腿综合征。

11. 锰

锰主要影响动物骨骼的发育和繁殖力。缺锰导致羊繁殖力下降。长期饲喂锰含量低于 8 毫克/千克的日粮，会导致青年母羊初情期推迟、受胎率降低、妊娠母羊流产率提高、羔羊性别比例不平衡等现象。饲料中钙和铁的含量影响羊对锰的需要量。NRC 认为饲料中锰含量达到 20 毫克/千克时，即可满足各阶段羊对锰的需求。

矿物质营养的吸收、代谢以及在体内的作用很复杂，某些元素之间存在协同和拮抗作用，因此某些元素的缺乏或过量可导致另一些元素的缺乏或过量。此外，各种饲料原料中矿物质元素的有效性差别很大，目前大多数矿物质元素的确切需要量还不清楚，各种资料推荐的数据也很不一致，在实践中应结合当地饲料资源特点及羊的生产表现进行适当调整。

表 7-2 是 NRC（2007）推荐的绵羊矿物质营养需要量。表 7-3～表 7-8 是常见矿物质添加剂对羊的生物学价值，供生产实践中参考。

表 7-2　绵羊对矿物质元素的需要量

元素名称	需要量/(克/天)	元素名称	需要量/(克/天)
钠	0.6～0.3	铜	2.7～28.2
氯	0.7～6.4	铁	6.0～104.0
钾	5.2～27.2	锰	11.0～83.0
钙	1.8～20.7	锌	20.0～113.0
磷	1.3～18.2	钴	0.08～1.06
硫	1.7～8.5	碘	0.4～4.2
		硒①	0.02～0.92
		硒②	0.03～1.84

①适用于精饲料为主的日粮。②适用于干草为主的日粮。

表 7-3　绵羊等反刍家畜对不同来源钙的生物学利用率

钙来源	生物学利用率/%	钙来源	生物学利用率/%
碳酸钙	100	磷酸二钙	95～140
石灰石	88～93	磷酸一钙	120～140

表 7-4　反刍家畜对不同来源磷的生物学利用率

磷来源	生物学利用率/%	磷来源	生物学利用率/%
磷酸二钙	100	植酸磷	60
磷酸一钙	100		

表 7-5　反刍家畜对不同来源硫的生物学利用率

硫来源	生物学利用率/%	硫来源	生物学利用率/%
蛋氨酸	100	硫酸铵	60～80
硫元素	30～40	硫酸钾	60～80
硫酸钙	60～80		

表 7-6　反刍家畜对不同来源镁的生物学利用率

镁来源	生物学利用率/%	镁来源	生物学利用率/%
氧化镁（试剂级）	100	氯化镁	98～100
氧化镁（饲料级）	85	磷酸镁	100
硫酸镁	58～113	白云石	28
碳酸镁	86～113		

表 7-7　反刍家畜对不同来源铁的生物学利用率

铁来源	生物学利用率/%	铁来源	生物学利用率/%
硫酸亚铁	100	氧化铁	4
硫酸铁	83	氯化铁	44

表 7-8　绵羊对不同来源钴的生物学利用率

钴来源	生物学利用率/%	钴来源	生物学利用率/%
硫酸钴	100	乙酸钴	85
氯化钴	95	氧化钴	6.3

五、维生素需要

维生素是羊维持生命和生长发育、繁殖所必需的重要营养物质，主要以辅酶和催化剂的形式广泛参与体内生化反应。维生素缺乏可引起机体代谢紊乱，影响动物健康和生产性能。

机体细胞一般不能合成维生素，羊瘤胃微生物能合成机体所需的B族维生素和维生素K。到目前为止，至少有15种维生素为羊所必需，按照溶解性将其分为脂溶性维生素和水溶性维生素两大类。脂溶性维生素是指不溶于水、可溶于脂肪及其他脂溶性溶剂中的维生素，包括维生素A（视黄醇）、维生素D（麦角固醇D_2和胆钙化醇D_3）、维生素E（生育酚）和维生素K（甲萘醌）。在消化道随脂肪一同被吸收，吸收的机制与脂肪相同，有利于脂肪吸收的条件，也利于脂溶性维生素的吸收。水溶性维生素包括B族维生素及维生素C。

1. 维生素A

（1）维生素A的生理功能和缺乏症　维生素A仅存在于动物体内。植物性饲料中的胡萝卜素作为维生素A原，可在动物体内转化为维生素A。维生素A是构成视紫质的组分，对维持黏膜上皮细胞的正常结构有重要作用，是暗视觉所必需的物质。维生素A参与性激素的合成，与动物免疫、骨骼生长发育有关。

缺乏维生素A时，羊食欲减退、采食量下降、生长缓慢、出现夜盲症。严重缺乏时，上皮组织增生、角质化，抗病力降低，羔羊生长停滞、消瘦。公羊性机能减退，精液品质下降；母羊受胎率下降，性周期紊乱，流产，胎衣不下。胡萝卜素是羊获得维生素A的主要来源，也可补饲人工合成制品。

（2）维生素A的中毒和过多症　维生素A不易从机体内迅速排出，摄入过量可引起中毒，羊的中毒剂量一般为需要量的30倍。维生素A中毒症状一般是器官变形、生长缓慢，特异性症状为骨折、胚胎畸形、痉挛、麻痹甚至死亡等。

（3）维生素A的来源　维生素A在动物性产品特别是鱼肝油中含量较高。胡萝卜、甘薯、南瓜以及豆科牧草和青绿饲料中胡萝卜素含量较多。

2. 维生素D

（1）维生素D的生理功能和缺乏症　维生素D可以促进小肠对钙和磷的吸收，维持血中钙、磷的正常水平，有利于钙、磷沉积于牙齿与骨骼中，增加肾小管对磷的重吸收，减少尿磷排出，保证骨的正常钙化过程。维生素 D 缺乏时，会造成羔羊的佝偻病和成年羊的软骨病。维生素 D 可影响动物的免疫功能，缺乏时动物的免疫力下降。

（2）维生素 D 中毒或过多症　维生素 D 过多主要病理变化是软组织普遍钙化，长时间的摄入过量干扰软骨的生长，出现厌食、失重等症状。维生素 D 的最大耐受量，连续饲喂超过需要量 4～10 倍以上，60 天之后可出现中毒症状；短期使用时可耐受 100 倍的剂量。维生素 D_3 的毒性比维生素 D_2 大 10～20 倍。

（3）维生素 D 的来源　青干草中维生素 D_2 的含量主要决定于光照程度。牧草在收获季节通过太阳光照射，维生素 D_2 含量大大增加。经日光照射，羊的皮肤可以合成维生素 D。一般在舍饲封闭饲养条件下应补加维生素 D。

3. 维生素 E

（1）维生素 E 的生理功能和缺乏症　维生素 E 是一种抗氧化剂，能防止自由基的氧化作用，保护富含脂质的细胞膜不受破坏，维持细胞膜完整。维生素 E 不仅能增强羊的免疫能力，而且具有抗应激作用。在饲料中补充维生素 E 能提高羊肉贮藏期间的稳定性，延缓颜色的变化，减少异味，并且维生素 E 在加工后的产品中仍有活性，使产品的稳定性提高。羔羊日粮中缺乏维生素 E，可引起肌肉营养不良或白肌病，缺硒时又能促使症状加重。维生素 E 缺乏同缺硒一样，都影响羊的繁殖机能，公羊表现为睾丸发育不全，精子活力降低、性欲减退、繁殖能力明显下降；母羊性周期紊乱，受胎率降低。

（2）维生素 E 的中毒及过多症　维生素 E 相对于维生素 A 和维生素 D 是无毒的。羊能耐受 100 倍于需要量的剂量。

（3）维生素 E 的来源　植物能合成维生素 E，因此维生素 E 广泛分布于饲料中。谷物饲料含有丰富的维生素 E，特别是种子的胚芽中。绿色饲料、叶和优质干草也是维生素 E 很好的来源，尤其是苜蓿中含量很丰富。青绿饲料（以干物质计）维生素 E 含量一般较谷类籽实高出 10 倍之多。在饲料的加工和贮存中，维生素 E 损失较大，储存半年可损失 30%～50%。

4. 维生素 K

最主要生理功能就是催化肝脏中凝血酶原和凝血因子的形成，而凝血因子的作用是使血液凝固。当维生素 K 缺乏时，将显著降低血液凝固的正常速度，从而引起出血。羊的瘤胃能合成足够需要的维生素K。

5. B族维生素

B族维生素包括维生素B_1（硫胺素）、维生素B_2（核黄素）、维生素B_6（包括吡哆醇、吡哆胺）、维生素B_{12}（钴胺素）、烟酸（尼克酸）、泛酸、叶酸、生物素和胆碱。

B族维生素主要作为辅酶，催化碳水化合物、脂肪和蛋白质代谢中的各种反应。长期缺乏和不足，可引起代谢紊乱和体内酶活力降低。成年羊的瘤胃机能正常时，瘤胃微生物能合成足量的B族维生素满足需要，一般不需日粮提供。但羔羊由于瘤胃发育不完善、机能不全，不能合成足够的B族维生素，因此在羔羊料中应注意添加。

羊瘤胃微生物能合成尼克酸。但饲喂高营养浓度日粮的羊，日粮中亮氨酸、精氨酸和甘氨酸过量，色氨酸不足，会增加羊对尼克酸的需要。另外，如果饲料中含有腐败脂肪或某些降低尼克酸利用率的物质，也会增加羊对尼克酸的需要。

维生素B_{12}在羊体内丙酸代谢中特别重要。羊缺乏维生素B_{12}常常因日粮中缺钴所致，瘤胃微生物没有足够的钴，则不能合成维生素B_{12}。

6. 维生素C（抗坏血酸）

羊能在肝脏和肾中合成维生素C。维生素C参与细胞间质中胶原的合成，维持结缔组织、细胞间质结构及功能的完整性，刺激肾上腺皮质激素的合成。维生素C具有抗氧化作用，保护其他物质免受氧化。缺乏维生素C时，出现全身出血、牙齿松动、贫血、生长停滞、关节变软等症状。

在妊娠、泌乳和甲状腺机能亢进情况下，维生素C吸收减少和排泄增加，高温、寒冷、运输等应激状态下，以及日粮能量、蛋白质、维生素E、硒和铁等不足时，羊对维生素C的需要会大大增加。

表7-9是NRC（2007）推荐的绵羊维生素需要量。供生产实践中参考。

表7-9 绵羊维生素的日需要量

名称	幼龄羊	种公羊	母羊
维生素A(国际单位/天)	2000～8000	3745～6825	1256～7490
维生素E(国际单位/天)	200～800	393～840	212～784

六、水的需要

羊对水的需要比对其他营养物质的需要更重要。一只绝食羊可以失掉几乎全部脂肪、半数以上蛋白质和体重的40%仍能生存,但失掉体重1%~2%的水,即出现渴感、食欲减退;继续失水达体重8%~10%,则引起代谢紊乱;失水达体重20%可使羊致死。

羊对水的利用率很高,但还是应该提供充足饮水。一般情况下,成年羊的需水量为干物质采食量2~3倍,但受机体代谢水平、生理阶段、环境温度、体重、生产目的以及饲料组成等诸多因素的影响。羊的生产水平高、环境温度升高、采食量大时,需水量也大。羊采食矿物质、蛋白质、粗纤维较多,需较多的饮水。一般气温高于30℃,羊的需水量明显增加;当气温低于10℃时,需水量明显减少。气温在10℃,采食1千克干物质需供给2.1千克水;当气温升高到30℃以上时,采食1千克干物质需供给2.8~5.1千克水。

妊娠母羊随妊娠期的延长需水量增加,特别是在妊娠后期要保证充足干净的饮水,以保证顺利产羔和分娩后泌乳的需要。一般泌乳母羊全天需4.5~9.0千克清洁饮水。羊饮水的水温不能超过40℃,因为水温过高会造成瘤胃微生物的死亡,影响瘤胃的正常功能。在冬季,饮水温度不能低于5℃,温度过低会抑制微生物活动,且为维持正常体温,动物必须消耗自身能量。

七、饲养标准

饲养标准即动物营养需要量,是通过多种消化代谢和动物试验,并结合生产实践中积累的经验,科学地规定各种畜禽在不同性别、体重、生理状态和生产水平等条件下,每天应给予的能量和各种营养物质的数量,可用以指导动物饲养的基本标准。实践证明,按照饲养标准所规定的营养供给量饲喂家畜,对提高家畜生产性能和饲料利用效率都有明显效果。但必须注意,饲养标准的使用要尽量与当地饲料供应情况相适应,尽量使用当地饲料资源,满足动物的营养需要量。

世界各国几乎都有自己的羊饲养标准,但被普遍接受和广泛使用的是美国NRC饲养标准。NRC每隔一定时间将其饲养标准修订一次。表7-10是NRC(1985)绵羊的饲养标准,该标准是在其1975版的基础上重新修订的。

表 7-10 美国 NRC 绵羊饲养标准

体重/千克	日增重/(克/天)	采食量/千克	能量		粗蛋白/克	钙/克	磷/克	有效维生素 A/单位	有效维生素 E/单位
			消化能/兆焦	代谢能/兆焦					
成年母羊维持									
50	10	1.0	10.05	8.37	95	2.0	1.8	2350	15
60	10	1.1	11.30	9.21	104	2.3	2.1	2820	16
70	10	1.2	12.14	10.05	113	2.5	2.4	3290	18
80	10	1.3	13.40	10.89	122	2.7	2.8	3760	20
90	10	1.4	14.25	11.72	131	2.9	3.1	4230	21
催情补饲(配种前 2 周至配种后 3 周)									
50	100	1.6	17.15	14.22	150	5.3	2.6	2350	24
60	100	1.7	18.40	15.06	157	5.5	2.9	2820	26
70	100	1.8	19.66	15.89	164	5.7	3.2	3290	27
80	100	1.9	20.49	16.73	171	5.9	3.6	3760	28
90	100	2.0	21.33	17.56	177	6.1	3.9	4230	30
妊娠前 15 周									
50	30	1.2	12.55	10.04	112	2.9	2.1	2350	18
60	30	1.3	13.88	10.87	121	3.2	2.5	2820	20
70	30	1.4	14.22	11.71	130	3.5	2.9	3290	21
80	30	1.5	15.06	12.55	139	3.8	3.3	3760	22
90	30	1.6	15.89	13.38	148	4.1	3.6	4230	24
妊娠最后 4 周(预计产羔率为 130%~150%)或哺乳单羔后 4~6 周									
50	180	1.6	17.15	14.22	175	5.9	4.8	4250	24
60	180	1.7	18.40	15.06	184	6.0	5.2	5100	26
70	180	1.8	19.66	15.89	193	6.2	5.6	5950	27
80	180	1.9	20.49	16.73	202	6.3	6.1	6800	38
90	180	2.0	21.33	17.56	212	6.4	6.5	7650	30

续表

体重/千克	日增重/(克/天)	采食量/千克	能量		粗蛋白/克	钙/克	磷/克	有效维生素A/单位	有效维生素E/单位
			消化能/兆焦	代谢能/兆焦					
妊娠最后4周(预计产羔率为180%～225%)									
50	225	1.7	20.07	16.73	196	6.2	3.4	4250	26
60	225	1.8	21.33	17.56	205	6.9	4.0	5100	27
70	225	1.9	22.58	18.4	214	7.6	4.5	5950	28
80	225	2.0	23.84	19.66	223	8.3	5.1	6800	30
90	225	2.1	25.09	20.91	232	8.9	5.7	7650	32
哺乳单羔前6～8周(哺乳双羔后4～6周)									
50	−25(90)	2.1	25.06	20.49	304	8.9	6.1	4250	32
60	−25(90)	2.3	27.60	22.58	319	9.1	6.6	5100	34
70	−25(90)	2.5	30.11	24.67	334	9.3	7	5950	38
80	−25(90)	2.6	30.95	25.51	344	9.5	7.4	6800	39
90	−25(90)	2.7	31.78	26.35	353	9.6	7.8	7650	40
哺乳双羔前6～8周									
50	−60	2.4	28.86	23.42	389	10.5	7.3	5000	36
60	−60	2.6	30.95	25.51	405	10.7	7.7	6000	39
70	−60	2.8	33.46	27.60	420	11.0	8.1	7000	42
80	−60	3.0	35.97	29.27	435	11.2	8.6	8000	45
90	−60	3.2	38.47	31.37	450	11.4	9.0	9000	48
青年母羊妊娠前15周									
40	160	1.4	15.06	13.38	156	5.5	3.0	1880	21
50	135	1.5	16.30	13.54	159	5.5	3.1	2350	22
60	135	1.6	17.15	14.22	161	5.5	3.4	2820	24
70	125	1.7	18.40	15.06	164	5.5	3.7	3290	26
青年母羊妊娠后4周(预计产羔率为100%～120%)									
40	180	1.4	17.15	14.22	187	6.4	3.1	3400	22
50	160	1.5	18.40	15.06	189	6.5	3.4	4250	24
60	160	1.6	19.66	16.31	192	6.6	3.8	5100	26
70	160	1.7	20.91	17.15	194	6.8	4.2	9590	27

续表

体重/千克	日增重/(克/天)	采食量/千克	能量 消化能/兆焦	能量 代谢能/兆焦	粗蛋白/克	钙/克	磷/克	有效维生素A/单位	有效维生素E/单位
青年母羊妊娠后4周(预计产羔率为130%~175%)									
40	225	1.5	18.40	15.06	202	7.4	3.5	3400	22
50	225	1.6	19.66	15.89	204	7.8	3.9	4250	24
60	225	1.7	20.49	16.73	207	8.1	4.3	5100	26
70	225	1.8	20.91	17.15	210	8.2	4.7	5900	27
哺乳单羔前6~8周(羔羊8周断奶)									
40	−50	1.7	20.49	16.73	257	6.0	4.3	3400	26
50	−50	2.1	25.51	20.91	282	6.5	4.7	4250	32
60	−50	2.3	28.02	23.00	295	6.8	5.1	5100	34
70	−50	2.5	30.53	25.09	301	7.1	5.6	5400	38
哺乳双羔前6~8周(羔羊8周断奶)									
40	−100	2.1	26.76	21.75	306	8.4	5.6	4000	32
50	−100	2.3	29.27	23.84	321	8.7	6.0	5000	34
60	−100	2.5	31.78	25.93	336	9.0	6.4	6000	38
70	−100	2.7	34.29	27.60	351	9.3	6.9	7000	40
育成母羊									
30	227	1.2	14.22	11.71	185	6.4	2.6	1410	18
40	182	1.4	16.73	13.80	176	5.9	2.6	1880	21
50	120	1.5	16.31	13.38	136	4.8	2.4	2350	22
60	100	1.5	16.31	13.38	134	4.5	2.5	2820	22
70	100	1.5	16.31	13.38	132	4.6	2.8	3290	22
育成公羊									
40	330	1.8	20.91	17.15	243	7.8	3.7	1880	24
60	320	2.4	28.02	23.00	263	8.4	4.2	2820	26
80	290	2.8	32.62	26.76	268	8.5	4.6	3760	28
100	250	3.0	35.13	28.86	264	8.2	4.8	4700	30

续表

体重/千克	日增重/(克/天)	采食量/千克	能量		粗蛋白/克	钙/克	磷/克	有效维生素A/单位	有效维生素E/单位
			消化能/兆焦	代谢能/兆焦					
肥育幼羊（4~7月龄）									
30	295	1.6	17.15	14.22	191	6.6	3.2	1410	20
40	275	1.6	22.58	18.40	185	6.6	3.3	1880	24
50	205	1.6	22.58	18.40	160	5.6	3.0	2350	24
早期断奶羔羊（生长潜力中等）									
10	200	0.5	7.53	5.85	127	4.0	1.9	470	10
20	250	1.0	14.64	12.13	167	5.4	2.5	940	20
30	300	1.3	18.40	15.06	191	6.7	3.2	1410	20
40	350	1.5	21.33	17.56	202	7.7	3.9	1880	22
50	400	1.5	21.33	17.56	181	7.0	3.8	2350	22
早期断奶羔羊（生长潜力高）									
10	250	0.6	8.78	7.11	157	4.9	2.2	470	12
20	300	1.2	16.72	13.79	205	6.5	2.9	940	24
30	325	1.4	20.06	16.72	216	7.2	3.4	1410	21
40	400	1.5	20.90	17.14	234	8.6	4.3	1880	22
50	425	1.7	23.83	19.65	240	9.4	4.8	2350	25
60	350	1.7	23.83	19.65	240	8.2	4.5	2820	25

注：1. 消化能转化为代谢能的效率设定为0.82。

2. 饲料的维持净能和生长净能浓度同饲料的代谢能浓度的关系为：

$NE_m = 1.37ME - 0.138ME^2 + 0.0105ME^3 - 0.12$

$NE_g = 1.42ME - 0.174ME^2 + 0.01022ME^3 - 1.65$

式中 NE_g 和 NE_m 分别代表维持净能和生长净能，ME 代表代谢能。此式不适用于颗粒饲料。

3. 妊娠前15天的营养需要中包括维持正常的毛生长和很小的体重增加。代谢能用于妊娠的效率为0.17。

4. 标准中没列出泌乳后6~8周的饲养标准，但建议由于该时期泌乳量降低（为前6~8周的30%~40%），所以应根据体况适当减少供给。

5. 对泌乳羊而言，按该标准饲养应有一定的体重减少。

6. 该标准中所指活体重是指早晨饲喂前的活体重。

7. 该标准较适用于舍饲绵羊，对放牧绵羊应作适当调整。

第二节　常用饲料的营养参数

我国羊常用饲料营养成分和营养价值见表7-11和表7-12。

表 7-11 中国羊常用饲料成分及营养价值

序号	中国饲料号	饲料名称	饲料描述	干物质/%	消化能/(兆焦/千克)	代谢能/(兆焦/千克)	粗蛋白/%	粗脂肪/%	粗纤维/%	无氮浸出物/%	中性洗涤纤维/%	酸性洗涤纤维/%	钙/%	总磷/%
1	1-05-0024	苜蓿干草	等外品	88.7	7.67	6.29	11.6	1.2	43.3	25.0	53.5	39.6	1.24	0.39
2	1-05-0064	沙打旺	盛花期,晒制	92.4	10.46	8.58	15.7	2.5	25.8	41.1	—	—	0.36	0.18
3	1-05-0607	黑麦草	冬黑麦	87.8	10.42	8.54	17.0	4.9	20.4	34.3	—	—	0.39	0.24
4	1-05-0615	谷草	粟茎叶,晒制	90.7	6.33	5.19	4.5	1.2	32.6	44.2	67.8	46.1	0.34	0.03
5	1-05-0622	苜蓿干草	中苜蓿2号	92.4	9.79	8.03	16.8	1.3	29.5	34.5	47.1	38.3	1.95	0.28
6	1-05-0644	羊草	以禾本科为主,晒制	92.0	9.56	7.84	7.3	3.6	—	—	57.5	32.8	0.22	0.14
7	1-05-0645	羊草	以禾本科为主,晒制	91.6	8.78	7.20	7.4	3.6	29.4	46.6	56.9	34.5	0.37	0.18
8	1-06-0009	稻草	晚稻,成熟	89.4	4.84	3.97	2.5	1.7	24.1	48.8	77.5	48.8	0.07	0.05
9	1-06-0802	稻草	晒干,成熟	90.3	4.64	3.80	6.2	1.0	27.0	37.3	67.5	45.4	0.56	0.17
10	1-06-0062	玉米秸	收获后茎叶	90.0	5.83	4.78	5.9	0.9	24.9	50.2	59.5	36.3	—	—
11	1-06-0100	甘薯蔓	成熟期,以80%茎为主	88.0	7.53	6.17	8.1	2.7	28.5	39.0	—	—	1.55	0.11
12	1-06-0622	小麦秸	春小麦	89.6	4.28	3.51	2.6	1.6	31.9	41.1	72.6	52.0	0.05	0.06
13	1-06-0631	大豆秸	枯黄期,老叶	85.9	8.49	6.96	11.3	2.4	28.8	36.9	—	—	1.31	0.22
14	1-06-0636	花生蔓	成熟期,伏花生	91.3	9.48	7.77	11.0	1.5	29.6	41.3	—	—	2.46	0.04
15	1-08-0800	大豆皮	晒干,成熟	91.0	11.25	9.23	18.8	2.6	25.4	39.4	—	—	—	0.35

续表

序号	中国饲料号	饲料名称	饲料描述	干物质/%	消化能/(兆焦/千克)	代谢能/(兆焦/千克)	粗蛋白/%	粗脂肪/%	粗纤维/%	无氮浸出物/%	中性洗涤纤维/%	酸性洗涤纤维/%	钙/%	总磷/%
16	1-10-0031	向日葵仁饼	完仁比为35:65,NY/T 3级	88.0	8.79	7.21	29.0	2.9	20.4	31.0	41.4	29.6	0.24	0.87
17	3-03-0029	玉米青贮	乳熟期,全株	23.0	2.21	1.81	2.8	0.4	8.0	9.0	—	—	0.18	0.05
18	4-07-0278	玉米	成熟、高蛋白,优质	86.0	14.23	11.67	9.4	3.1	1.2	71.1	—	2.7	0.02	0.27
19	4-07-0279	玉米	成熟,GB/T 17890—1999 1级	86.0	14.27	11.70	8.7	3.6	1.6	70.7	9.3	2.7	0.02	0.27
20	4-07-0280	玉米	成熟,GB/T 17890—1999 2级	86.0	14.14	11.59	7.8	3.5	1.6	71.8	8.2	2.9	0.02	0.27
21	4-07-0272	高粱	成熟,NY/T1级	86.0	13.05	10.70	9.0	3.4	1.4	70.4	17.4	8.0	0.13	0.36
22	4-07-0270	小麦	混合麦、成熟,NY/T2级	87.0	14.23	11.67	13.9	1.7	1.9	67.6	13.3	3.9	0.17	0.41
23	4-07-0274	大麦(裸)	裸大麦、成熟,NY/T2级	87.0	13.43	11.01	13.0	2.1	2.0	67.7	10.0	2.2	0.04	0.39
24	4-07-0277	大麦(皮)	皮大麦、成熟,NY/T1级	87.0	13.22	10.84	11.0	1.7	4.8	67.1	18.4	6.8	0.09	0.33
25	4-07-0281	黑麦	籽粒,进口	88.0	14.18	11.63	11.0	1.5	2.2	71.5	12.3	4.6	0.05	0.30
26	4-07-0273	稻谷	成熟、晒干 NY/T2级	86.0	12.64	10.36	7.8	1.6	8.2	63.8	27.4	28.7	0.03	0.36
27	4-07-0276	糙米	良、成熟,未米糠	87.0	14.27	11.70	8.8	2.0	0.7	74.2	13.9	—	0.03	0.35

续表

第七章 羊的饲养标准和常用饲料营养参数

序号	中国饲料号	饲料名称	饲料描述	干物质/%	消化能/(兆焦/千克)	代谢能/(兆焦/千克)	粗蛋白/%	粗脂肪/%	粗纤维/%	无氮浸出物/%	中性洗涤纤维/%	酸性洗涤纤维/%	钙/%	总磷/%
28	4-07-0275	碎米	良,加工精米后的副产品	88.0	14.35	11.77	10.4	2.2	1.1	72.7	1.6	—	0.06	0.35
29	4-07-0479	粟(谷子)	合格,带壳,成熟	86.5	12.55	10.29	9.7	2.3	6.8	65.0	15.2	13.3	0.12	0.30
30	4-04-0067	木薯干	木薯干片,晒干 NY/T 合格	87.0	12.51	10.26	2.5	0.7	2.5	79.4	8.4	6.4	0.27	0.09
31	4-04-0068	甘薯干	甘薯干片,晒干 NY/T 合格	87.0	13.68	11.22	4.0	0.8	2.8	76.4	—	—	0.19	0.02
32	4-08-0003	高粱糠	籽粒加工后的壳副产品	91.1	14.02	11.50	9.6	9.1	4.0	63.5	—	—	0.07	0.81
33	4-08-0104	次粉	黑面、黄粉、下面 NY/T 1级	88.0	13.89	11.39	15.4	2.2	1.5	67.1	18.7	4.3	0.08	0.48
34	4-08-0105	次粉	黑面、黄粉、下面 NY/T 2级	87.0	13.60	11.15	13.6	2.1	2.8	66.7	31.9	10.5	0.08	0.48
35	4-08-0069	小麦麸	传统制粉工艺 NY/T 1级	87.0	12.18	9.99	15.7	3.9	6.5	56.0	37.0	13.0	0.11	0.92
36	4-08-0070	小麦麸	传统制粉工艺 NY/T 2级	87.0	12.10	9.92	14.3	4.0	6.8	57.1	—	—	0.10	0.93
37	4-08-0070	玉米皮	籽粒加工后的壳副产品	87.9	10.12	8.30	10.2	4.9	13.8	57.0	44.8	14.9	—	—

第七章 羊的饲养标准和常用饲料营养参数参考

续表

序号	中国饲料号	饲料名称	饲料描述	干物质/%	消化能/(兆焦/千克)	代谢能/(兆焦/千克)	粗蛋白/%	粗脂肪/%	粗纤维/%	无氮浸出物/%	中性洗涤纤维/%	酸性洗涤纤维/%	钙/%	总磷/%
38	4-08-0041	米糠	新鲜、不脱脂 NY/T2级	87.0	13.77	11.29	12.8	16.5	5.7	44.5	22.9	13.4	0.07	1.43
39	5-09-0127	大豆	黄大豆、成熟 NY/T2级	87.0	16.36	13.42	35.5	17.3	4.3	25.7	7.9	7.3	0.27	0.48
40	5-09-0128	全脂大豆	湿法膨化、生大豆为 NY/T2级	88.0	16.99	13.93	35.5	18.7	4.6	25.2	17.2	11.5	0.32	0.40
41	4-10-0018	米糠粕	浸提或预压浸提、NY/T1级	87.0	10.00	8.20	15.1	2.0	7.5	53.6	—	—	0.15	1.82
42	4-10-0025	米糠饼	未脱脂、机榨 NY/T1级	88.0	11.92	9.77	14.7	9.0	7.4	48.2	27.7	11.6	0.14	1.69
43	4-10-0026	玉米胚芽饼	玉米湿磨后的胚芽、机榨	90.0	12.45	10.21	16.7	9.6	6.3	50.8	—	—	0.04	1.45
44	4-10-0244	玉米胚芽粕	玉米湿磨后的胚芽、浸提	90.0	11.56	9.48	20.8	2.0	6.5	54.8	—	—	0.06	1.23
45	4-11-0612	糖蜜	糖用甜菜	75	15.97	13.10	11.8	0.4	—	—	0.08	0.08	—	—
46	5-10-0241	大豆饼	机榨 NY/T2级	89.0	14.10	11.56	41.8	5.8	4.8	30.7	18.1	15.5	0.31	0.50
47	5-10-0103	大豆粕	去皮、浸提或预压浸提 NY/T1级	89.0	14.31	11.73	47.9	1.0	4.0	31.2	8.8	5.3	0.34	065
48	5-10-0102	大豆粕	浸提或预压浸提 NY/T2级	89.0	14.27	11.70	44.0	1.9	5.2	31.8	13.6	9.6	0.33	0.62

续表

序号	中国饲料号	饲料名称	饲料描述	干物质/%	消化能/(兆焦/千克)	代谢能/(兆焦/千克)	粗蛋白/%	粗脂肪/%	粗纤维/%	无氮浸出物/%	中性洗涤纤维/%	酸性洗涤纤维/%	钙/%	总磷/%
49	5-10-0118	棉籽饼	机榨NY/T2级	88.0	13.22	10.84	36.3	7.4	12.5	26.1	32.1	22.9	0.21	0.83
50	5-10-0119	棉籽粕	浸提或预压浸提NY/T1级	90.0	13.05	10.70	47.0	0.5	10.2	26.3	—	—	0.25	1.10
51	5-10-0117	棉籽粕	浸提或预压浸提NY/T2级	90.0	12.47	10.23	43.5	0.5	10.5	28.9	28.4	19.4	0.28	1.04
52	5-10-0183	菜籽饼	机榨NY/T2级	88.0	13.14	10.77	35.7	7.4	11.4	26.3	33.3	26.0	0.59	0.96
53	5-10-0121	菜籽粕	浸提或预压浸提NY/T2级	88.0	12.05	9.88	38.6	1.4	11.8	28.9	20.7	16.8	0.65	1.02
54	5-10-0116	花生仁饼	机榨NY/T2级	88.0	14.39	11.80	44.7	7.2	5.9	25.1	14.0	8.7	0.25	0.53
55	5-10-0115	花生仁粕	浸提或预压浸提NY/T2级	88.0	13.56	11.12	47.8	1.4	6.2	27.2	15.5	11.7	0.27	0.56
56	5-10-0242	向日葵仁饼	壳仁比为16:84,机榨NY/T2级	88.0	10.63	8.72	36.5	1.0	10.5	34.4	14.9	13.6	0.27	1.13
57	5-10-0243	向日葵仁粕	壳仁比为24:76,浸提或预压浸提NY/T2级	88.0	8.54	7.00	33.6	1.0	14.8	38.8	32.8	23.5	0.26	1.03
58	5-10-0119	亚麻仁饼	机榨NY/T2级	88.0	13.39	10.98	32.2	7.8	7.8	34.0	29.7	27.1	0.39	0.88
59	5-10-0120	亚麻仁粕	浸提或预压浸提NY/T2级	88.0	12.51	10.26	34.8	1.8	8.2	36.6	21.6	14.4	0.42	0.95
60	5-10-0246	芝麻饼	机榨,CP 40%	92.0	14.69	12.05	39.2	10.3	7.2	24.9	18.0	13.2	2.24	1.19

第七章 羊的饲养标准和常用饲料营养参数 续表

序号	中国饲料号	饲料名称	饲料描述	干物质/%	消化能/(兆焦/千克)	代谢能/(兆焦/千克)	粗蛋白质/%	粗脂肪/%	粗纤维/%	无氮浸出物/%	中性洗涤纤维/%	酸性洗涤纤维/%	钙/%	总磷/%
61	5-11-0001	玉米蛋白粉	玉米去胚芽、淀粉后的面筋部分 CP60%	90.1	18.37	15.06	63.5	5.4	1.0	19.2	8.7	4.6	0.07	0.44
62	5-11-0002	玉米蛋白粉	同上,中等蛋白产品,CP 50%	91.2	15.86	13.01	51.3	7.8	2.1	28.0	10.1	7.5	0.06	0.42
63	5-11-0003	玉米蛋白饲料	玉米去胚芽、淀粉后的含皮残渣	88.0	13.39	10.98	19.3	7.5	7.8	48.0	33.6	10.5	0.15	0.70
64	5-11-0004	麦芽根	大麦芽副产品,干燥	89.7	11.42	9.36	28.3	1.4	12.5	41.4	—	—	0.22	0.73
65	5-11-0005	啤酒糟	大麦酿造副产品	88.0	—	—	24.3	5.3	13.4	40.8	39.4	24.6	0.32	0.42
66	5-11-0007	DDGS	玉米啤酒糟及可溶物,脱水	90.0	14.64	12.00	28.3	13.7	7.1	36.8	—	—	0.20	0.74
67	5-11-0008	玉米蛋白粉	同上,中等蛋白产品 CP40%	89.9	15.19	12.46	44.3	6.0	1.6	37.1	33.3	—	—	—
68	5-11-0009	蚕豆粉浆蛋白粉	蚕豆去皮制粉丝后的浆液,脱水	88.0	—	—	66.3	4.7	4.1	10.3	—	—	—	0.59
69	7-15-0001	啤酒酵母	啤酒酵母菌粉,QB/T 1940-94	91.7	13.43	11.01	52.4	0.4	0.6	33.6	—	—	0.16	1.02
70	8-16-0099	尿素	—	95.0	0	0	267	—	—	—	—	—	—	—

注:本表是在《中国饲料成分及营养价值表 2002 年(第 13 版)》的基础上,通过补充经常饲喂的禾本科牧草、豆科牧草和一些农副产品、糠麸类等肉用绵羊和山羊饲料原料成分与营养价值修订而成的。

表 7-12 常用矿物质中矿物元素的含量（以饲喂状态为基础）

序号	中国饲料号	饲料名称	化学分子式	钙/%	磷/%	磷利用率/%	钠/%	氯/%	钾/%	镁/%	硫/%	铁/%	锰/%
1	6-14-0001	碳酸钙,饲料级轻质	$CaCO_3$	38.42	0.02		0.08	0.02	0.08	1.610	0.08	0.06	0.02
2	6-14-0002	磷酸氢钙,无水	$CaHPO_4$	29.60	22.77	95~100	0.18	0.47	0.15	0.800	0.80	0.79	0.14
3	6-14-0003	磷酸氢钙,2个结晶水	$CaHPO_4 \cdot 2H_2O$	23.29	18.00	95~100							
4	6-14-0004	磷酸二氢钙	$Ca(H_2PO_4)_2 \cdot H_2O$	15.90	24.58	100	0.20		0.16	0.900	0.80	0.75	0.01
5	6-14-0005	磷酸三钙(磷酸钙)	$Ca_3(PO_4)_2 \cdot H_2O$	38.76	20.0								
6	6-14-0006	石粉,石灰石,方解石		35.84	0.01		0.06	0.02	0.11	2.060	0.04	0.35	0.02
7	6-14-0010	磷酸氢二铵	$(NH_4)_2HPO_4$	0.35	23.48	100	0.20		0.16	0.750	1.50	0.41	0.01
8	6-14-0011	磷酸二氢铵	$NH_4H_2PO_4$		26.93	100							
9	6-14-0012	磷酸氢二钠	Na_2HPO_4	0.09	21.82	100	31.04			0.010			
10	6-14-0013	磷酸二氢钠	NaH_2PO_4		25.81	100	19.17	0.02	0.01				
11	6-14-0015	碳酸氢钠	$NaHCO_3$	0.01			27.00		0.01				
12	6-14-0016	氯化钠	$NaCl$	0.30			39.50	29.00		0.005	0.20	0.01	
13	6-14-0017	氯化镁	$MgCl_2 \cdot 6H_2O$							11.950			
14	6-14-0018	碳酸镁	$MgCO_3 \cdot Mg(OH)_2$	0.02						34.000			0.001
15	6-14-0019	氧化镁	MgO	1.69					0.02	55.000	0.10	1.06	
16	6-14-0020	硫酸镁,7个结晶水	$MgSO_4 \cdot 7H_2O$	0.02				0.01		9.860	13.01		
17	6-14-0021	氯化钾	KCl	0.05			1.00	47.56	52.44	0.230	0.32	0.06	0.001
18	6-14-0022	硫酸钾	K_2SO_4	0.15			0.09	1.50	44.87	0.600	18.40	0.07	0.001

注：引自张子仪主编《中国饲料学》，2000。

参 考 文 献

[1] 刁其玉主编. 肉羊饲养实用技术 [M]. 北京：中国农业科学技术出版社，2009.
[2] 刁其玉. 科学自配牛饲料 [M]. 北京：化学工业出版社，2010.
[3] 刁其玉主编. 牛羊饲料配方技术问答 [M]. 北京：中国农业科技出版社，2000.
[4] 张英杰. 养羊手册（第2版）[M]. 北京：中国农业大学出版社，2005.
[5] 王成章，王恬. 饲料学 [M]. 北京：中国农业出版社，2003.
[6] 冯定远. 配合饲料学 [M]. 北京：中国农业出版社，2003.
[7] 韩友文主编. 饲料与饲料学 [M]. 北京：中国农业出版社，1997.
[8] 曹宁贤. 肉牛饲料与饲养新技术 [M]. 北京：中国农业科学技术出版社，2008.
[9] 黄大器，李复兴，赵兴达，等. 饲料手册（上册）[M]. 北京：北京科学技术出版社，1985.